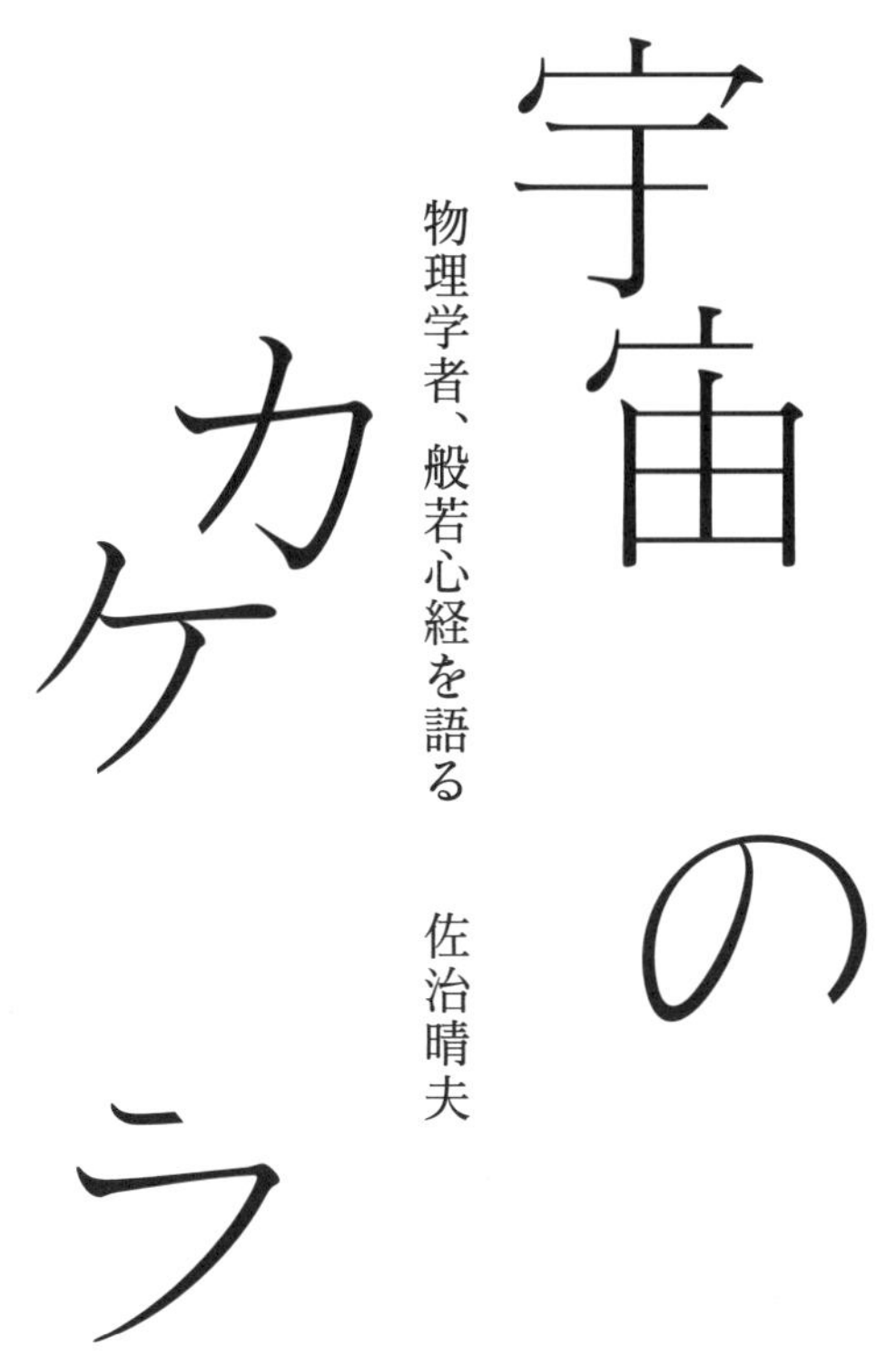

宇宙のカケラ

物理学者、般若心経を語る

佐治晴夫

毎日新聞出版

はじめに

最新の宇宙研究の成果からいえば、私たちの宇宙は、今から百三十八億年の遠い昔、かぎりなく熱く、まばゆいひとつぶの光から生まれたということが、検証可能な科学的事実としてわかっています。その宇宙は、急速に膨張を続けながら温度を下げ、やがて光のしずくは宇宙の霧になり、原始銀河が生まれ、その中で星が誕生します。星は光り輝く過程で、命をつくる材料を含めてたくさんの元素を合成していくのですが、燃料を使い果たしたとき、バランスを崩して超新星爆発を起こし、星のカケラという形で、宇宙空間にまき散らされます。そこから太陽系が生まれ、地球が生まれて、私たちを含むすべての存在が誕生しました。つまり、この宇宙に存在するすべてのものは、根源において同一であり、したがって独立存在はありえず、すべては、互いに浸透し合う相互依存の存在だということになります。

私たちは、自分というものが自らの意思で生きているかのように思っていますが、自分では心拍のコントロールはできず、日常生活の中で、呼吸をしていることすら意識することなく過ごしています。食事をするときに、食物を口に運びこみ、咀嚼するところまでは、自分の意思で行いますが、その後のことについては、すべて体まかせなのです。

私たちの体は、およそ数十兆個の細胞でできているとされています。しかし、その一パーセント、すなわち、数千億個は、一晩で入れ替わるともいわれています。物質としての自分の体は、時々刻々と変化しているのに、なぜ、自分は自分であり続けられるのでしょうか。

それはあたかも、水は水自身からできているのではなく、水ではない水素と酸素からできているという事実を思い起こさせます。「私」とは「私以外」のものからできているようです。そこで、もし、それが真実であるならば、その事実から、どのように生きるべきなのかということの答えが、見えてくるかもしれません。

そんな思いを抱くとき、私はこの世界の様相が、「般若心経」の世界観そのものであると感じます。現代科学と「般若心経」という取り合わせを、みなさんは意外に思われるでしょうか。しかしこれは、宇宙研究にたずさわる者の一人としての確かな実感なのです。

この本は仏教哲学の立場から書かれた般若心経の解説本ではなく、「般若心経」に書かれている内容を起点として、現代科学が理解している宇宙の様相をお話ししてみようと試みたものです。もし、この本を手にしてくださったみなさんが、科学のまなざしを通して読み解く「般若心経」の簡潔な美しさに関心をもっていただき、そのエッセンスのひとしずくが、これからの毎日を生きるための力の源になっていただけたとしたら、こんなにうれしいことはありません。

宇宙のカケラ　物理学者、般若心経を語る　目次

はじめに　3

第1章

「自分」はどこにあるのか

自然の分身　14
人生究極の問いかけ　16
人生の謎解き　18
仏教の世界観　20
思い通りにならないもの　23
「空」の概念　26

第2章　般若心経の世界
般若心経の成り立ち　34
言葉を唱える　37
自由と不自由　39
般若心経を読む　42
二百六十二文字の祈り　92
第3章　現代宇宙論から見た般若心経
夜はなぜあるのか　98
光から生まれるもの　102
物質の生成と「ゆらぎ」　105
具象でもなく抽象でもなく　108
タゴール（T）とアインシュタイン（E）の対話から　111

風の発見 117
宇宙の公平さの中で 119
美しさの本質 121
現実と認識のはざまで 124
「おもかげ」としての現実 127
般若心経の真髄 132

第4章 人生と宇宙時間

宇宙カレンダー 138
生きるという壮大な体験 141
自分と他者 143
音の力 145
宗教の起源 148
人類のはじまり 150
男女という個性 153

愛して、信じて、待つ　156
自分の顔　158
適齢期は存在するか　160
時間の不思議　163
「今さら」を「今から」に　165

第5章 人生の行く先

プラネタリウム　170
星を見ること　172
人はなぜ旅をするのか　175
日本の文化に潜む√2　177
人と人のかかわり　179
未来を変える自由　182
言語の構造　185
月からの贈りもの　187

三百六十五日　189
イエスの降誕　191
一人称の死は存在しない　194
平和への指南書として　196
発語で感じる般若心経　207

あとがきにかえて　211

本書をより深く理解するための参考文献　215
般若心経の英訳　217
サンスクリット原文テクスト　220

第1章

「自分」はどこにあるのか

自然の分身

私は理論物理学を生業として、長年大学で教鞭をとりながら宇宙研究に携わってきた研究者です。みなさんは、宇宙と聞くとどんなことをイメージなさいますか。自分とは遠く離れた世界のことだと思う方もいらっしゃるでしょう。

人間と宇宙には深いつながりがあります。宇宙を知ることは、自分について知る旅――長い研究人生を通して、私はそう感じています。この十数年は宇宙研究を通じて得たさまざまなことを教育に役立てたいという思いから、これまで五百校を超える小中学校で出張授業を行ってきました。八十歳を超えた今も、日本中を飛び回っています。まずはじめに、普段私が授業や講演などで話している「自分」というテーマからはじめましょう。

みなさんは、ご自身についてどんなことをご存知でしょうか？　私たちの体を構成しているすべての物質は、星が光り輝く過程でつくられました。その星が超新星爆発という形で終焉を迎え、宇宙空間にばらまかれた。その星のひとかけらから地球ができ、人間が誕生しました。私たちはその星のひとかけら、つまり自然の分身です。

人間の体は星のカケラ、もっと詳しくいうと数十兆個の細胞が集まってできています。つまりあなたは、「あなた」からではなく、あなた以外のものからつくられている。それが、あなたの体の正体です。けれども、「体＝あなた」ではありません。今の時代、自分探しという言葉もありますが、あなたはあなたでないものからできているのだから、いくら自分の中に「自分」を探しても、見つからないというわけです。では、あなたはどこに存在するのでしょう。

それは、人生、生きるということを考えることにもつながります。私は、「生きる」ということはあなた自身の物語をつくることだと思っています。生まれながらにして全員が、作者というわけです。物語をつくるには、自分ひとりでは成立しません。

自分と自然とのかかわり、自分と相手とのかかわり、それはすてきなかかわりだけでなく、醜かったり悲しかったり、困ったかかわりもあるでしょう。もっと詳しくいうと数十兆個のそのすべてのものとのかかわりによって、あなたの物語、人生がつくられるのです。つまり、人はひとりで自己を確立できない。「あなたではないもの」があってはじめて、「あなた」という存在が確立されるのです。これは感情論ではなく、物質の相互依存として宇宙が構成されていることの結果であって、科学的なものの見方です。

人生究極の問いかけ

D'où venons-nous?（私たちはどこから来たのか？）
Que sommes- nous?（私たちは何者なのか？）
Où allons-nous?（私たちはどこに向かって行くのか？）

これは、米ボストン美術館の二階、十九世紀の巨匠たちの作品が展示されている部屋の真正面に飾られた縦百三十九・一センチ、横三百七十四・六センチの絵画の表題です。パリ生まれの画家、ポール・ゴーギャン（Paul Gauguin, 1848–1903）が死を決意した一八九七年、モデルも下絵もなしに、自身の芸術的遺書としていっきに描き上げたといわれる畢生（ひっせい）の大作です。

この福音書にも比すべき衝撃的な表題は、あまりにも素朴、そして本質的であるがゆえに、かえって神秘的で、謎めいています。この「人間とは、いったい何者なのか？」という問いかけこそ、知の探求という人類の長い精神史の中で、いつの日にも、最も根源的であり続けてきたものであり、それは、古今東西、時間、空間を超えて、人々の心の中で熱く燃え続けてきた〝問いかけ〟でもあったようです。

考えてみれば、私たちは、視覚、聴覚、味覚、嗅覚、触覚という五つの感覚で外の世界と物理的に接しながら、自分の位置づけを認識していますが、たとえば、いざ自分の顔となると、一生、直接的には見ることができません。鏡に映る顔は、上下はそのままでも左右は逆転していますし、写真に撮ってみても、拡大鏡で見れば、小さな点の集合でしかありません。仮に、自分の目で見ようとして、目が顔から飛び出して振り返ったとしても、そこに見えるのは目のない顔であり、自分の顔ではありません。自分のものでありながら、決して見ることのできない顔に代表されるように、この世界の中での最大の謎は「自分自身」のようです。

とすれば、自分自身をどのようにして認識すればいいのでしょうか。それは、自分が見ている相手、対象物を通して、自分自身の姿を想像することでしかできなさそうです。

自分自身は自分自身からできているのではなく、自分以外のものからできている。

この視点こそが、現代の科学的世界観です。すべては独立した存在ではなく、「相互存在」だということの発見です。

人生の謎解き

たとえば、無人島の中で、自分の名前を大声で名乗ってみても、自分とはいったい何者なのか、ということへの答えは見つかりません。自分の話を聞いてくれて、それに反応してくれる相手があって、はじめて自分の位置づけが見えてきます。

現代宇宙論が描く宇宙の大きさは、およそ百三十八億光年、しかも、その宇宙は膨張しているといいます。ということは、時間を逆に、過去へとさかのぼれば、昔は小さかったということになります。つまり、今、私たちの目の前にあるすべての世界は、小さなものに閉じ込められていて、ひょっとしたら、本当のはじまりは、小さなひとつぶの根源的物質だったのかもしれません。とすれば、この世界にあるすべてのものは、根源においてつながっていて、それが枝分かれしてそれぞれの姿になっていると考えてもよさそうです。「自分」という言葉を「自（然）＋分（身）」、すなわち、自然の分身、自然の一部分だと解釈しても間違いではなさそうです。

ところで、中国の古い文献『淮南子（えなんじ）』によれば、宇宙の「宇」とは、四方上下、すなわち空間、「宙」とは、往古来今、すなわち時間のことだと書かれています。

私たち人間も、生きている間は、体という物体で空間の一部を占有し、また、過去から現在、未来へと流れる目には見えない時間という海を泳いでいるかのような存在ですから、人間もまた「宇宙」だといってもいいのかもしれません。それにくわえて、夜空に輝く星にも誕生があり、終焉があるように、私たちにも誕生があり、終焉があります。

ところが、私たちが自分の顔を自分の目では見ることができないように、自分の誕生の瞬間を見ることはできませんし、他者の終焉に立ち会うことはできても、自分の終焉に、客観的に立ち会うことはできません。いったい、今、生きているというこの瞬間、人生とは何なのでしょうか。謎は深まるばかりです。

その謎解きに最初に挑んできたのが宗教です。人生の終焉、すなわち「死」は回避するすべもなく必ず万人に訪れるものであることを百も承知していながら、その実体は霧の中です。死の体験談を話してくれる体験者がいないからです。それゆえに、人は死を忌み嫌い、怖れるのでしょう。

その悩み、苦しみから人々を救済するために、この世界の実相を解き明かし、人間の心の安心決定（あんじんけつじょう）を説いたのが宗教であり、そのひとつが仏陀の教えでした。

仏教の世界観

仏陀は、この世界の在りようと、人間そのものについて、きわめて論理的に分析しながら考察をすすめた哲学者です。仏陀がまず考えたことは、人間の体という実在的物体を含めて、人間は世界をどのようなプロセスで理解しているのかということでした。

　私たち人間は、どのようなものからできていて、どのような在り方をしているのか。そこには五つの要素があり、それらが、ある特定の法則にしたがって作用し合い、かかわり合うことによって存在し、私たちの認識が生じているとしたのです。

　仏陀はそれを「五蘊（ごうん）」と呼び、色（rūpa（ルーパ））、受（vedanā（ヴェーダナー））、想（saṃjñā（サンジュナー））、行（saṃskāra（サンスカーラ））、識（vijñāna（ヴィジュニャーナ））、という五つの要素で構成されているとしました。

「色」とは、私たちの体を含めて、形が見える物体としての構成要素で、一般的には（身体）物質のことです。あるいは、rūpa が rūp（形づくる）、ru（壊れる）という二つの意味を含むことから、通常、私たちが目で見ているような形のある実体、すなわちつくられたり壊されたりして常住不滅のものではないものを意味すると考えてもいいでしょう。

　残る四つは見えない心の世界、内面を構成する要素です。

「受」は、外界からの刺激を感じ取る感覚器官のはたらき、感覚作用のこと。「想」は、外部から受け取った情報を構成して構想をつくるはたらき、つまりイメージのこと。「行」

は、何かを行おうと考える意思のはたらきで、行動の前提部分となる心的作用。「識」は、識別作用を含む認識のはたらきのことをいいます。

これは、私たちの脳のはたらきになぞらえてみると、わかりやすいでしょう。

今、目の前に一輪のバラがあるとします。これは形をもっていて、明らかに物体です（色）。私たちは、その「色」であるバラから発せられる光を網膜でとらえます（受）。網膜でとらえられた光は電気信号として脳に送られ、そこでバラのイメージが描かれます（想）。ここまでは、見る人の意思とは関係なく、光、網膜、電気信号の伝播、脳への伝達という物理現象として、淡々とことが運びます。その結果、心の作用として、バラの花であると判断します（行）。ここで、物質としてのバラの花が認識されるのですが、ここからさらに、〝いい香りのするバラ〟、〝誰かに贈りたいバラ〟、〝いつかは枯れてしまうバラ〟などという、「観察者の心」が大きくかかわった認識が生まれます（識）。この段階に至って、「色」という物理的実体と観察者との関係が、心を通してつながるのです。

ところが、この仏陀の考え方に対して、そのような「五蘊」は、すべて錯覚であって、まったく実体がないものだと否定したのが、これからお話しする「般若心経」の基本なのです。人間が認識するものはすべて実在せず、その存在を否定することによって、今、私たちが感じているこの世の苦しみや悲しみも「錯覚」であるとして、心が救われるとしたのです。

むろんこれは、仏陀の世界観が間違っているということではありません。仏陀の考え方をさらにすすめて、多くの人々に、わかりやすく広めようとしたのが大乗仏教の特徴であり、そのエッセンスが「般若心経」だということなのです。

思い通りにならないもの

般若心経は「苦（duḥkha）」からの解放をめざして書かれたものです。

「苦」とは、「思い通りにならないこと」だといっていいでしょう。

仮にそうだとすれば、同じものごとでも、状況に応じて「苦」になったり、ならなかったりします。

たとえば、北国の降雪地帯に住む人たちにとっての「雪かき」はとても大変です。なんとか雪が降らないようにしたいのですが、自然現象はコントロールできません。したがって雪かきは「苦」そのものになります。しかし、もし雪が降らなければ、除雪で生計を立てている人にとっては大変です。「降雪」が好ましいものか、好ましくないか、その相反する心模様は、それを享受する対象によって変わります。

ところで、思い通りにならないことの代表例として、仏陀は、まず、生老病死をあげています。生まれること、そのものも本人にとっては思い通りにならないという意味において「苦」だとしたのです。老いていくこと、病になること、死ぬこと、いずれも、自分の思うままにはならないという意味で、明らかに苦なのです。

さらに、憎い者と会わなければならない苦しみ（怨憎会苦）、愛する者と別れなければならない苦しみ（愛別離苦）、求めて得られない苦しみ（求不得苦）、執着にまみれた人間の存在そのものの苦しみ（五取蘊苦）などがあるとしています。生老病死の四苦を含め、全体をまとめて八苦などといいます。「四苦八苦」です。

そして、仏陀はこの「苦」の原因を「妄執」の心であると説いた。となれば、この「妄執」を滅することこそ、「苦」からの解放であり、涅槃の境地に達する方法であると説いたのです。そして、その具体的方法として八つの道があるとしています。正しい見解（正見）、正しい思考（正思）、虚言を断つこと（正語）、正しい行い（正業）、正しい生活（正命）、正しい精進（正精進）、誘惑にまけずに生きること（正念）、心安らかであること（正定）の八つで、これを「八正道」などといいます。

そうして、これらの「苦」から逃れるには、ものごとの真実の姿を見極める智慧をもって、思い通りにしたいと思う心をなくしなさい、と仏陀はいいます。

ものごとへの執着は、不必要だということに気づくことが肝要であるというのです。それが、「諦める」ということであり、「諦める」ということは、ものごとへの執着が不必要であることに気づくこと、そのことが「明らかになる」ことだと説いているのです。「諦める」＝「明らめる」ということですね。

さらに仏陀は、「苦」の根本原因を「無明」、すなわち、「この世の真理についての無知」であるとするのです。ひとことでいえば、これが仏陀の仏教の特徴です。

これに対して、後の大乗仏教から生まれた般若心経は、「苦」をはじめとするそれらの存在をすべて否定し、人間の心の幻想と考えます。これが「般若心経」の根底にある「空（くう）」の思想です。

般若心経は、こまかい理屈は抜きにして、すべては「空」であることを受け入れることによって、人々を励まし、救済しようとしたのです。

「空」の概念

この章のはじめに私は、「自分の体は自分以外のものからできている」といいました。こうした、物質の相互依存の関係は、般若心経の根底にある「空」の思想に通じます。

「空」とは何でしょうか。サンスクリット語（以下、梵語（ぼんご）と表記します）ではシューニヤター（śūnyatā）といいます。般若心経の中では、七回も登場するとても重要な意味をもつ言葉です。

日常的にいえば、空は、「からっぽ」、「がらんどう」、つまり虚無（nāsti）を連想しますが、仏教の世界では、縁起（pratityasamutpāda）と深くかかわっていて、すべては独立存在ではなく、相互に関連しながら存在している根源的性質だとされています。言葉を換えれば、「区別されえない」存在、つまり、特定の形をもつ実体がなく、ほかとの関係においていろいろな形をして変幻自在に存在しうるもの、したがって、すべてを包括する根源だといえるでしょう。

もう少し端的にいえば、「独立存在（と認められる実体）がない」ことであるといってもいいでしょう。たとえば、「ある」と「ない」でさえも包括して、お互いの区別がなくなると考えます。一例として、水の中の泡を考えれば、そこに水がないという意味では「ない」のですが、そこに空気があるという意味では「ある」のです。もし、魚が泡を見たら、私たちが風船を見ているような感覚で、見えない水の中に、ぽっかりと泡という物体が浮かんでいるように見えるかもしれません。

さらに碁盤の目のような縦線と横線が交わる模様を白紙に書いてみましょう。その交点を小さく消すと、そこは何もない空白になるはずですが、遠くから見れば、白い小さな円が生じたように見えます。

つまり、私たちが実体として見ている姿は絶対的なものではなくて、まわりとのかかわりによって変わるものであり、錯覚、幻影にすぎない、というのです。それが、「空」であって、「無自性」などと呼んでいます。

さて、煩悩は、修行によって断ち切ることができるといいます。その場合、もっとほしい、ほしい、というような煩悩が、実体として存在するのであれば、その実体を修行によって消し去るなどということは、物理的にはできないでしょう。実体を心で念じて消すことなど不可能だからです。しかし、その煩悩の本体が「空」であるとすれば、実体がないのですから、心で消すことも可能になります。何もないがゆえに、いろいろなことを、そこから生み出すことができるし、消し去ることもできるのです。静かな水面には、何もないゆえに、いろいろな景色を映し出せるようなものです。「空」は〝がらんどう〟のようなものであって、すべてを含むことができるものです。中国の思想家、老子（生没年不詳）の『道徳経』の中に、「茶碗のたとえ」という話があります。茶碗とは何か、と問われたとき、「茶碗とは何もないところをいう」というのです。茶碗とは、いろいろなものを入れることができる容器ですから、何も入っていない〝からっぽ〟でなければなりません。

仏陀の仏教でも、この「空」の概念は説かれていますが、それを基盤としてよりいっそう発展させた大乗仏教では、その基本は、「大般若波羅蜜多経」として、六百巻ほどにまとめられています。それを短く要約したものが「般若心経」なのです。

―「ある」と「ない」の同一性について―

リンゴ

リンゴを　ひとつ
ここに　おくと

リンゴの
この　大きさは
この　リンゴだけで
いっぱいだ

リンゴが　ひとつ
ここに　ある
ほかには
なんにも　ない

ああ　ここで
あることと
ないことが
まぶしいように
ぴったりだ

（まど・みちお）

第2章

般若心経の世界

般若心経の成り立ち

般若心経は、生老病死など、思い通りにならない「苦」からの解放をめざして書かれた、私たちに最も人気のある経典です。しかも、どの経典よりも短く、たった二百六十二文字で書かれています。ですから、お経というより、「呪文」といったほうがいいかもしれません。お経の中身がよりわかりやすくなるように、「摩訶般若波羅蜜多心経(まかはんにゃはらみったしんぎょう)」、「仏説摩訶般若波羅蜜多心経」などと呼ぶこともあります。

さて、般若心経は、いうまでもなく仏教の経典ですから、仏教の創始者、仏陀の教えがもとにはなっていますが、仏陀自身が説いた教えそのものというより、仏陀の没後、五百年ほど後に興った大乗仏教という新しい宗教運動を信奉する人たちによってつくられたとされています。

仏陀自身は、何も書き残しておらず、弟子たちが仏陀の語った言葉を、いろいろな形で伝えてきたのが仏教です。仏典結集（けつじゅう）を開催するたびに、保守的な上座部と、進歩的な大衆部との間で意見が合わず、まとまらなかったといいます。

その後、二、三世紀ごろを生きた僧侶、龍樹（ナーガルジュナ）が「中論」を唱え、その中心となる「空」の思想に、やはりその時代、インドで興っていたインド密教に出てくる「真言」が重なって、般若心経が形成されたというのが定説のようです。

つまり、般若心経が書かれたのは三世紀後半以降、四世紀前後だと推測されます。こうして考えてみると、般若心経は、仏陀の入滅後、一千年の時を経て、書かれたものだということになります。作者はわかりません。しかし、インドの古典言語（梵語）で書かれた経典であることは間違いありません。

それが中国に渡り、そこで多くの人たちが漢文の形に訳しました。その中でも、日本でいちばん、親しまれている訳が、みなさんもよくご存知の「西遊記」に登場する三蔵法師、玄奘（げんじょう）三蔵（六〇二―六六四）の訳です。

玄奘さんは、六二九年に、中国の長安を出発してインドに入り、インド各地の仏跡をめぐりながら研究を重ね、多くの仏教聖典や仏像をもって、六四五年に帰国、その後、もち帰った仏教聖典を翻訳し、その数は一千巻を超えるといわれています。その一方で、旅行記「大唐西域記」を書き、それが後の「西遊記」のモデルになったといわれています。

ここで、仏陀が説く世界観は、万物は移ろうものだという「諸行無常」が基本になっていますが、大乗仏教の基本は、すべての存在は相互存在だという「縁起」の考え方の土台になる「空」の思想です。

そういった意味からすれば、般若心経に書かれている世界観は、仏陀自身の世界観とはやや異なるものだということになります。

ところで、日本に仏教が伝えられた時期については、諸説ありますが、一般的には五三八年とされているようです。法隆寺には、世界最古と伝えられている梵語で書かれた般若心経の写本がありますから、そのころ、般若心経はすでに日本に伝えられていた可能性は十分にあると思っていいでしょう。

言葉を唱える

仏陀は自身の言葉を書き残さず、語りの言葉として広まっていったのが仏教です。後の般若心経も、言葉というよりも音として、歌のように広まったのではないでしょうか。

十九世紀後半から二十世紀前半にかけて活躍したオーストリアの詩人、ライナー・マリア・リルケ（Rainer Maria Rilke, 1875–1926）の「音楽によせて（An die Musik）」の一節に、「音楽は言葉が絶えたときに、はじめて響く言葉である」という記述があります。

つまり、進化論的にいって、言葉よりも音が先行しているということです。これは、我々哺乳類の特質ともいえる特性です。

人間の例でいえば、私たちは、視覚、聴覚、味覚、嗅覚、触覚という五つの感覚、すなわち、「五感」で、外界と情報交換しながら生きています。ところが、胎児の時代には、母親の胎内は真っ暗ですから、視覚は機能せず、必要ありません。嗅覚、味覚は、食物の安全性を確かめるための機能のひとつですが、胎内では、すべての栄養分は臍の緒を通して母親から供給されるので必要ありません。

触覚は、生後の哺乳に必要な機能で、すでに胎児の段階で、指しゃぶりなどで練習を重ねています。そこで、残る感覚は聴覚になりますが、胎児は、母親の胎内で、母親の血流の音や、心拍の音に耳を澄ませながら出産を待つことになります。それぞれの感覚器官の形成期間を比べてみても、聴覚がいちばん長いといわれています。

その一方では、私たち哺乳類の祖先は、ネズミくらいの大きさの動物だったといわれています。彼らは、巨大生物であった恐竜たちが、夜間、活動を休止するその間を縫って、生活していたといわれています。というのは、恐竜の聴覚はあまり発達していなかったために、夜間の活動はできなかったと推測されているからです。

つまり、哺乳類は、その分、聴覚を発達させながら、次第に脳を発達させ、現代に至ったと考えられています。

やがて、私たちの祖先は、四足歩行から二足歩行になったときに、直立することによって、下向きの重力が働き、その結果、喉の構造が変化して、複雑な音が出せるようになり、言葉の習得につながったと考えられています。言葉よりも聴覚情報が先行していたということですね。動物行動学者の知人によれば、ゴリラたちも歌で会話をしているのだそうです。

私たち人間も、年齢を重ねるにしたがって、もの忘れするようになります。歌に関していえば、まず歌詞を忘れます。しかし、旋律やリズムは覚えています。言葉より音が先行していることの証です。このことを治療に活かしているのが音楽療法です。

この発語がもつ特別な力を、「パロキューショナリー・フォース（perlocutionary force)」と呼ぶこともあります。言葉の意味を考えるより、まず、唱えることの重要性を、般若心経は教えてくれるのです。

自由と不自由

般若心経は「摩訶般若波羅蜜多心経」とも呼ばれます。「摩訶」とは、梵語のマハ

(mahā)を音写したもので、「人知を超えた超越的すばらしさ」を意味します。

般若とは、同じく梵語のプラジュナー(prajñā)、あるいはパーリ語でパンニャー(paññā)の音写で、「智慧」のことです。波羅蜜多は、やはり梵語で、パラミータ(pāramitā)ですが、これは、pāram(彼岸に)+ ita(至る)、すなわち、「彼岸に至る」という意味です。生死がある此岸から永遠の平安に満ちた解脱涅槃の彼岸に渡っている状態、という意味です。さらに、「心」は、中心的で大切な心棒のようなもの、「経」は、地球の経度の「経」からも類推されるように、中国語では、縦の線のこと。一説によれば、横書きで書かれた仏陀の教えを書いた板を縦につないでつるしたものということのようです。梵語では、スートラ(sūtra)です。

以上をまとめると、

「摩訶般若波羅蜜多心経」=彼岸に渡るための智慧を教える超越的な教え
ということになります。このフレーズの要は、冒頭の〝摩訶〟にあって、想像を超えるすばらしい境地に行きましょう、という気配を感じさせる重要なスタートになります。事実、ベテランの僧侶が、「まあかあ……」とはじめると、大いなる旅立ちがはじまる、という雰囲気が漂うのです。お経の題目のことを〝経題〟といい、みんなでお経を唱えるときに、最初に〝経題〟を唱える人を〝経頭〟といいます。その後で、会衆(えしゅ)が唱和するのが通例です。

さて、つぎのフレーズとなる「観自在菩薩」は「観世音菩薩」ともいい、簡略して「観音」ともいいます。観自在は梵語でアバローキテーシュバーラ（avalokiteśvara）といい、すべての事柄を偏りなく観察し、衆生(しゅじょう)を救済することにおいて自由自在であるという意味。菩薩はボーディサットヴァ（bodhi-sattva）、つまり、bodhi「目を覚ました」という意味で、sattva は「生きているもの」という意味ですから、求道者(ぐどう)のことで、特定の人物ではありません。

ここでは、観「自由」菩薩でないことに留意したいと思います。自由は不自由あっての自由であるのに対し、自在とは、自由、不自由という区別さえも超越してすべてを在るがままに丸ごと受け入れるといったような、空しさの中にさえ、豊かさを見るような境地のことです。

つまり、観自在菩薩は、すべての区別を超越して、宇宙との調和の中で人々を救済する存在だということになります。

この自由と不自由、超越するものとしての自在ということは、物質の相互依存という科学の視点にも通じる考え方ではないでしょうか。

般若心経を読む

般若心経は、この章のはじめにもお話ししたように、もとはインドの言葉、梵語で書かれたものです。それが中国に渡り、そこで、中国の僧たちが、梵語の原文の発音を、中国語の漢字にあてはめて、原文に近い音で読めるように訳したものです。これを音写といっています。

その数ある音写の中でも、その音写された漢字から、もともとの意味を読み取れるような訳で有名なのが、玄奘の訳です。驚くほどの名訳です。

したがって、発音だけにとらわれるのではなく、漢字の意味も考えながら読むことをおすすめします。ただ、中には、後半に出てくる「得阿耨多羅三藐三菩提」など、音そのままの漢字の羅列ですから、その部分では、漢字の意味を考える必要はありません。参考までにお話ししておけば、この部分の原文の意味は、アヌッタラ（anuttarā）サムヤクサンボーディー（samyaksaṃbodhi）」の音写で、〝この上なく正しい覚り〟ということです。さらに、最後の真言の部分、「羯諦羯諦波羅羯諦　波羅僧羯諦　菩提薩婆訶」の部分も、漢字の意味にはとらわれないで、唱える音声そのものだけに注目してください。おそらく、玄奘自身も、漢字に訳すと、趣意が伝わりにくいと判断して、原文の音写だけにとどめたのでしょう。

梵語の原文と玄奘訳を基本にして、読みやすく工夫してみました。その中で、原文にはあって、玄奘訳では省略されている部分については、適宜、ほかの漢訳を参考にしながら、原文の意味を構築するように心がけました。

また、般若心経の原文は全知者への礼拝からはじまり、覚った観世音菩薩の紹介、その内容はすべてが「空」であることを見抜いたことの紹介に終始し、最後に真言を教えてあげようという形で書かれています。しかし、玄奘訳では最初の礼拝の部分は省略されていますのでここでは（　）に入れて表記することにします。
それでは、早速、般若心経の全文を読んでみましょう。

摩訶般若波羅蜜多心経

（礼拝　全知者である覚った方に礼したてまつる）

観自在菩薩

行深般若波羅蜜多時

照見五蘊皆空

度一切苦厄

舎利子

色不異空　空不異色

色即是空　空即是色

受想行識（じゆそうぎようしき）　亦復如是（やくぶによぜ）

舎利子（しやりし）

是諸法空相（ぜしよほうくうそう）

不生不滅（ふしようふめつ）　不垢不浄（ふくふじよう）　不増不減（ふぞうふげん）

是故空中無色（ぜこくうちゆうむしき）

無受想行識（むじゆそうぎようしき）

無眼耳鼻舌身意（むげんにびぜつしんい）

無色声香味触法（むしきしようこうみそくほう）

無眼界乃至無意識界（むげんかいないしむいしきかい）

無無明（むむみよう）

亦無無明尽（やくむむみようじん）

乃至無老死（ないしむろうし）
亦無老死尽（やくむろうしじん）
無苦集滅道（むくしゅうめつどう）
無智亦無得（むちやくむとく）
以無所得故（いむしょとくこ）

菩提薩埵（ぼだいさつた）　依般若波羅蜜多故（えはんにゃはらみったこ）
心無罣礙（しんむけいげ）　無罣礙故（むけいげこ）
無有恐怖（むうくふ）　遠離一切顛倒夢想（おんりいっさいてんどうむそう）
究竟涅槃（くきょうねはん）

三世諸仏（さんぜしょぶつ）
依般若波羅蜜多故（えはんにゃはらみったこ）
得阿耨多羅三藐三菩提（とくあのくたらさんみゃくさんぼだい）

故知般若波羅蜜多
是大神呪　是大明呪
是無上呪　是無等等呪
能除一切苦
真実不虚

故説般若波羅蜜多呪
即説呪曰
羯諦羯諦波羅羯諦
波羅僧羯諦
菩提薩婆訶
般若（波羅蜜多）心経

以上のように、全体を、意味上、九つの部分に分けて書いてみました。以下、それぞれの部分について、解説していきましょう。

一般的に、お経というのは、仏陀の教えとされていますから、通常は、「如是我聞」ではじまります。「私は、仏陀の教えをこのように聞いた」という意味です。しかし、四十三ページでお話ししましたように般若心経の原文は、表題のつぎに、ナーマス サルヴァジュニャ（Namas Sarvajñāya）、つまり、「全知者である覚った方に礼したてまつる」という一節があります。ここではそれを省略した玄奘訳ではじめることにしましょう。

この玄奘訳は、梵語の発音に、うまく漢字をあてはめて、しかも、可能な限り、原文の意味と漢字の意味が整うように工夫された名訳です。したがって、まず最初は、漢字で書かれた意味を追いながら読んだほうが、しっかりと内容と向き合えると思います。それでは、それぞれのフレーズについて、その内容を吟味してみましょう。

①

摩訶般若波羅蜜多心経（まかはんにゃはらみったしんぎょう）
観自在菩薩（かんじざいぼさつ）
行深般若波羅蜜多時（ぎょうじんはんにゃはらみったじ）
照見五蘊皆空（しょうけんごうんかいくう）
度一切苦厄（どいっさいくやく）

（意訳）すべてを超越して、すばらしい智慧に至るための大いなる言葉。

聖なる求道者である観自在菩薩は、智慧の完成をめざして、深く思いをめぐらしていたとき、存在するものには五つの要素、「五蘊」があることを見極めましたが、それらのすべてが、実体のないもの、「空」であることに気づかれました。そのことによって、一切の苦しみ、災厄を越えられたのです。

（最後の〝度一切苦厄〟は原文にはなく、玄奘がつけくわえたものだと思われます）

〝行深般若波羅蜜多時〟は、読んで字の通り、〝彼岸に至るための智慧（般若波羅蜜多）について、深く想いをめぐらしていたときに〟ということですね。ここで、深く想いをめぐらすということについて考えてみましょう。

たとえば、「健康な人は幸福である」という命題があった場合、みなさんはどう思われるでしょうか。「健康であっても不幸な人」、「病であっても幸福な人」、「病であって不幸な人」、実際にはいろいろな人がいるはずです。健康と幸福を一元的に結びつけるだけでは、正しい結論だとはいえません。これが深く考えるということの一例です。

AはBである、という命題の逆、すなわち、BはAである、は必ずしも正しくはありません。〝彼は男性である〟の逆、〝男性は彼である〟は正しくないことからもわかりますね。仏陀の考え方は、とても分析的で論理的です。しかし、その特徴は、AはBではない、BはAではない、AはBである、BはAである、というような思考を重ね、最後には「ある」と「ない」という相反するものさえ超えてしまおうという勢いのある考え方です。

ここで、観音について、もうひとつつけくわえれば、観音とは音を〝聞く〟ではなく、音を〝観る〟と書きます。ここにも重要なカギが隠されています。江戸時代中期の禅僧、白隠禅師（一六八六―一七六九）が用いた有名な公案があります。

「両掌打って音声あり、隻手に何の音するや」

つまり両手で打てば音がするが、片手ではどんな音がするか、という問いかけです。これは、音がするとか、しないとか、両手とか片手とかの分別を捨てなさい、ということで、たとえば、片手で打つ情景を視覚でとらえ、その情景から普段は聞こえない音が聞こえるではないか、といっているようにも思えます。観音とは、それぞれの感覚器官にとらわれず、多角的な視点から、ものの真の姿を総合的に見ることができる存在だということなのでしょう。

②

舎利子（しゃりし）
色不異空（しきふいくう）　**空不異色**（くうふいしき）
色即是空（しきそくぜくう）　**空即是色**（くうそくぜしき）
受想行識（じゅそうぎょうしき）　**亦復如是**（やくぶにょぜ）

（意訳）シャーリプトラよ、よくお聞きなさい。（物質的現象「色」は実体がない「空」からこそ、物質的現象「色」でありうるのです。）実体がない「空」といっても物質的現象「色」を離れたものではなく、物質的現象「色」は実体がない「空」ことを離れたものではありません。このように物質的現象「色」は、すべて実体がない「空」ことであり、実体がない「空」ことは物質的現象「色」なのです。心のはたらきである受想行識についても、すべて実体がありません。

ここからが「観自在菩薩」が覚った内容の説明で、般若心経の中で、最も重要な部分になります。舎利子とは、仏陀の弟子の中でも最も優れていたとされているシャーリプトラ（Śāriputra）のことで、彼に語る形で説かれます。ここでは、形あるものとして見えているもの「色」は、ほかとの関係において、そのように見えているだけですから、「空」とかけ離れたものではなく、だからこそ、逆に「空」も「色」とは別のものではない、つまり、「色」と「空」は同じものである、と主張しています。ここでは、三段階の論法が繰り返されていますが、原文の最初に登場する「色は空であるからこそ色でありうる（色性是空空性是色）」という一段目が、玄奘訳では、省略されています。その部分の意訳は（　）でくくってあります。詳しく見れば、次のようなことです。

一段目――物質的存在は、現象としてとらえられるものであるが、現象は無数の原因、条件によって変化するものであるから、変化しない実体というものはない。変化しているからこそ現象として現れ、それを、われわれは、存在ととらえる。つまり、色は空であるゆえに、色は色でありうる。

二段目――実体がない混沌世界が実感として理解される前提として、まず、現象に目を向け、それが、あらゆるものとの関係において動いている「縁起」であることに目を向ける必要がある。まず、私という現象を動かぬものと仮定したうえで、それらが、私ではないものによって構成されつつ、私ではないものになりつつあることの理解。一切のものは自己に対立し自己を否定するものによって限定される関係にあって、その否定によって自己が肯定される。
色は空と異なるものではなく、空は色と異なるものではない。

三段目――第一、第二段が体験的に把握されることによって、色と空の同一性が確立する。つまり、色は空であり、空は色である。

水には、固体、液体、気体などの異なった形がありますが、水を分子にまで細かくしてみると、それは水素原子と酸素原子の化合物であり、それらの原子は、さらに小さい、陽子、中性子、電子などの素粒子からできており、それらはさらに、目には見えない基本粒子からできていて、量子力学の考え方をすれば、それらの基本粒子は、宇宙全体に広がっている「波」のようなものだと考えられています。

つまり、今、目の前に見えている「水」という物質の姿は、絶対的で永遠に変わることのない独立した実体ではなくて、「空」だということになります。ここで、色不異空、空不異色、色即是空、空即是色などと、色と空を入れ替える表現や、〝同じ〟ということを

〝異なるものではない（離れたものではない）〟などと言い換えてみたりしていることに留意しましょう。これは「色」と「空」がぴったり同じものであることを、強調するための論理構成です。AとBがぴったり同じものであることを表現するには、AはBの中に含まれ、BはAの中に含まれることが必要で、この別表現が、「異ならず」という表現でもあるのです。

つまり、心のはたらきである「受」「想」「行」「識」も、同じように、絶対的な存在でありません。二十一ページでもお話ししましたが、目の前に見えるものと私たちの心との関係は、まず、そのものから発する情報を察知し（受）、それを脳に伝えて構成・イメージし（想）、そのものの一般的形状を認知した（行）上で、認識判断する（識）というプロセスですから、そのときどきによって如何ようにも変わります。

いろいろな条件とのかかわりで、「受」「想」「行」「識」のプロセスが違ってくるために、最終的に認識される結果は固定されていないという意味で、「空」だというのです。

ここで、ひとつ、つけくわえておけば、私が「太陽だ」と認識することの裏には、天体に限ったとしても、木星や金星など、「太陽ではない」ものに支えられての「太陽」ですから、「太陽」もまた「木星」や「金星」と意味上、含み合っていて、相互に支えられて存在しているといってもいいですね。

言い換えれば「相互依存」で一即多・多即一の関係であり、「一即一切」、「一切一即」の原型だともいえるでしょう。これが「縁起の理法」です。極端な表現ですが、「私が生きている」という今は「死んでいない」、「死ななかった」というたくさんの条件に支えられて「生きている」ということです。そういった意味でいえば、「生」と「死」は、同時に共存しているともいえます。

私たちの世界には、たしかに「死」は存在します。しかし、それは、〝誰々さんが亡くなった〟というような日常的に起こっている三人称の死であり、あるいは〝身近な人が亡くなった〟という二人称としての死です。

二人称の死は、一人称の自分の生と密接にかかわっているために、自分にとっては、大きな事件です。それでは、私の死という一人称の死とは何でしょうか。

生理学的な議論はさておき、とりあえず、死とは意識の喪失だとしましょう。私たちは、自分の誕生のときも自分の終焉のときも、意識はありません。つまり、自分の死をはっきりと自覚することはできません。自分の死は、あくまでも想像の中での出来事です。そこで、一足飛びにいってしまえば、「一人称の死は存在しない」ということになります。

意識の喪失という死があるからこそ、意識がある今の生があるということです。これが「生」と「死」の共存です。

——お菓子の味は心が決める？——

お菓子

いたずらに一つかくした
弟のお菓子。
たべるもんかと思ってて、
たべてしまった
一つのお菓子。

母さんが二つッていったら、
どうしよう。

おいてみて
とってみてまたおいてみて、
それでも弟が来ないから、
たべてしまった、
二つめのお菓子。

にがいお菓子、
かなしいお菓子。

（金子みすゞ）

③

舎利子（しゃりし）
是諸法空相（ぜしょほうくうそう）
不生不滅（ふしょうふめつ）　**不垢不浄**（ふくふじょう）　**不増不減**（ふぞうふげん）

（意訳）シャーリプトラよ、よくお聞きなさい。この世のすべての存在には、実体がないという特性「空」があります。ですから、新たに生じるということもなければ、消滅することもありません。汚れたものでもなければ、汚れを離れたものでもありません。いっぱいになることもなければ、減ることもありません。

ここでは、すべての存在は「空」だと主張しています。
「空」だということは、何もない「虚無」ということではありません。そこからすべてを生み出す〝もと〟となるものです。何もないからこそ、何でも生み出せるということでしょう。何も描かれていない紙だからこそ、どのようなものでも描くことができます。つまり、「空」は、あらゆる物質的現象を生み出す母体だということになります。

私たちの人生には、誕生と終焉があります。しかし、今、生まれてきてしまっているからには、再びもう一度生まれ出ることはできません。終焉としての死は、今、生きている以上、今、生きていて、死ぬことはできません。

話は飛びますが、曹洞宗の開祖、道元（一二〇〇―一二五三）の〝正法眼蔵（しょうぼうげんぞう）（生死の巻）〟の言葉を引用すれば、「生というときには、生がすべてでほかに何もなく、滅（死）というときには滅がすべてでほかに何もない。したがって、生が来たならば、ただひたすらに生に、滅が来たならば、ただひたすらに滅に、お仕えすべきである」ということになります。さらに、生きているということは意識があるということだとすれば、おそらく意識がないであろう生まれる前と死んだ後は、本人の意識が存在しないゆえに、本人にとっての生まれる前、死んだ後という時間は存在せず、不生不滅だということになります。

このことを、第三者的に見れば、たとえば、ひとつぶの種から育った一本のバラが切花になったとします。このバラは切られて死んだのでしょうか。切られた後の一輪のバラは人々の目を楽しませるという意味で生きています。枯れ果ててドライフラワーになっても室内に飾られ、しつらえとして生きています。ゴミとして燃やされても土に戻り、つぎの種を育てる力をもっています。こういった意味では、バラは死ぬことはありません。

このように、ものごとは、日々変化しているのであるから、ひとつの様態にこだわることは意味がない、といっているのです。その根拠として、ひとつの存在は、独立存在ではなく、ほかとの関係性で、時々刻々姿を変えながらも、その存在自体は不生不滅だといっているのです。

先にお話ししたように、私たちの体は、数十兆個の細胞からできていますが、それらも日々更新されていて、一晩に、数千億個の細胞が入れ替わるのだそうです。物質としての体は入れ替わっているのに、本人自身であるという自覚が変わらないというのは、面白いですね。おそらく、その人本人という存在は、ほかとの関係性において成立しているということなのでしょう。

さらに、すべては独立存在ではないのだから、汚いもの、きれいなもの、など最初から決まってなどいないのです。また、相互存在なのだから、全体として考えれば、増えたり減ったりすることなどありません。

お気に入りのカップでおいしいコーヒーを飲んだ後、そのカップに汚物を入れ、よく洗った後に、もう一度、そのカップに同じコーヒーを入れて飲んでみたとき、味はどうでしょうか。汚れた印象が災いして、まずく感じるのではないでしょうか。また、コーヒー豆をグラインダーに入れてフィルターに入れるまでは、いい香りに包まれた美しい粉末ですが、淹れた後のコーヒー粉末は、ゴミとして捨てられます。そのゴミは汚いのでしょうか。そのゴミは、優れた脱臭剤や土地を豊かにする肥料になる力をもっています。汚い、きれい、の判断基準には、絶対的基準はないということです。わが子のほっぺたについたご飯粒を、親は平気で食べますが、まったく見知らぬよその人のほっぺたについたご飯粒を食べる人はいないでしょう。

ところで、私たちがもっているお金の量（額）は、増えたり減ったりしています。しかし、何かほしいものを買ったために お金が減ったのであれば、その減ったお金は、買った品物に姿を変えただけでしょう。たくさん働いた労働という目には見えないものが、お金に姿を変えて、お財布の中に入ってきます。

あるいは、太陽のエネルギーによって地球の表面から空の高みへと導かれた水蒸気が雨となって地上に降り注ぎ、そこにたまった水の力で発電機を回し（水力発電）、その電気が人々の豊かな暮らしを支えています。そこで消費される電気エネルギーは、音や熱などになって、再び地球の大気中に溶け込んでいきます。このように、エネルギーは姿を変えながら循環し、全体の量は変わりません。物理学でいう「エネルギー保存則」です。したがって、その循環の一面、たとえば、お財布の中のお金の量（額）だけを気にするのは意味がないといっているのです。言い換えれば、ものごとの一面だけにこだわるな、ということですね。すべての存在は、姿を変えながら動いており（諸行無常）、永遠に変わることのない固有の実体はない（諸法無我）ということです。

——永遠の「いのち」——

花のたましい

散ったお花のたましいは、
み仏さまの花ぞのに、
ひとつ残らずうまれるの。

だって、お花はやさしくて、
おてんとさまが呼ぶときに、
ぱっとひらいて、ほほえんで、
蝶々にあまい蜜をやり、

人にゃ匂いをみなくれて、
風がおいでとよぶときに、
やはりすなおについてゆき、

なきがらさえも、ままごとの
御飯になってくれるから。

（金子みすゞ）

④

是故空中無色
無受想行識
無眼耳鼻舌身意
無色声香味触法
無眼界乃至無意識界

（意訳）ですから、「実体がないという状態（空）」の立場からいえば、「物質的現象（色）」などありません。受、想、行、識といったような心の作用もありません。視覚、聴覚、嗅覚、味覚、触覚、そして心そのものもありません。形、音、香り、味、感触、心に浮かぶ対象などもありません。視覚から心に浮かぶ意識に至るまで、すべてありません。

みなさんが今、手にしているこの本の一ページ、それは紙でできています。紙の原料は植物から抽出されたパルプです。植物は、水分がなくては育ちません。それは雨がもたらしたものです。雨は雲が降らせたものです。その雲は、太陽のエネルギーが、地上から吸い上げた水分によってできたものです。その太陽は……と考えていけば、結局は、宇宙のはじまりにまでさかのぼってしまいます。

したがって、その紙に耳を澄まして、雨音を聞いたり、木々のさやぎを聞いたといっても、それを否定することはできません。つまり、紙という変わらぬ実体はなく、紙は、紙以外のほかのものからつくられていて、たまたま、今は、一枚の紙という姿をしているにすぎないということです。

考えてみれば、現代宇宙論によれば、この宇宙に存在するすべての基本粒子の数は1と書いて0を八十個つけたほどあって、この宇宙の中で生起するすべてのものや出来事は、これらの粒子の単なる離合集散なのですから、「空」の思想は、現代の最先端科学と、とても相性がいいようです。興味深いことです。

ところで、私たちは赤信号を見たら止まります。しかし、あなたの見る赤信号の色と、私が見る赤信号の色が同じである、という証明はできません。あなたは、あなたの見たいように赤信号を見ているのであり、私は、私自身の感覚で赤信号を見ています。絶対的な存在としての赤信号などないのです。それでもなお、あなたも私もその信号を見て止まります。

なぜでしょうか。

それは、ひとつのモデルとなる赤色を見せられて、その色をあなたはあなたの赤として、私は、私の赤として認識して止まるのです。

それは、ひとつのモデルをつくり、それを社会の規範として掲げる集合体の中で、私たちが生きているからこそ可能なことです。

急いでいるときの赤信号には、早く変わらないかとイライラします。しかし、その一方で、少しでも長く一緒にいたい人と待つ赤信号は、少しでも長く点灯していてほしいと感じます。

このように、すべての状況において絶対的に成立する判断の基準は、もともとないのだということになりますね。すべて、目の前にあるものと、そのときの心の相互作用の結果、生じている映像のようなものだというのです。

とすると、私たちが、いつも見ているると思っているものは、幻想なのでしょうか。

現代の量子力学は、そのことにまで踏みこもうとしています。

私たちが五感だといっている視覚、聴覚、嗅覚、味覚、触覚、それにくわえて第六感に相当する「意」まで、すべて変わらぬ実体としてはありません。

ものの形（色）も、音（声）も、匂い（香）も、味（味）も、触覚（触）も、宇宙の基本的秩序である「法（dharma）」に至るまでことごとく、不変の実体があるわけではありません。

目で感じることから心の世界、意識の世界に至るまで、絶対的かつ不動の実体があるわけではありません。

ここまで、ない、ないづくしになると、一瞬、戸惑ってしまいますね。しかし、よくよく考えてみれば、人それぞれの感覚は百人百様ですから、そういわれれば、自分の感覚が他者にとっても同じだとして他者に押しつけるのはいけないことだということにもなります。各人各様なのですから。この立場を逆転して考えれば、相手の感覚は相手独自の感じ方であるので、それと自分の考え方が異なるといって目くじらを立てる正当性はなくなります。

　言葉を換えれば、私が身勝手であるように、あなたもあなたの勝手なのだと認めれば、そこから、双方の意見をうまくまとめて建設的な方向に向かうことも可能です。相手を丸ごと受け入れ、さらにいえば、寄り添うという姿勢ですね。このように考えると、ないないづくしも、いいものだと思えるようになります。ただし、私は、あくまでも修行僧でもありませんし、覚った人間でもありませんから、本当に、そのように考えてもいいものかどうかは、わかりません。しかし、数学的な論理からすれば、そのような考え方をしても矛盾には至りません。

　それは徹底的に「ない」を追求するという行為は、その裏に、いつも「ある」という意識を生み出す行為でもあるからです。

　たとえば、鈴木大拙（一八七〇—一九六六）の「即非の論理」からいえば、ＡはＡである、ということはＡはＡでない（たとえば、Ａは、それ自体が独立して存在するのではなく、〝縁起によって〟Ａ以外のものからできているのであるから、Ａは純粋な意味でいえばＡそのものではない）ことによって、ＡはＡになる、ということなのでしょう。

つまり、言語によって言語を否定することによって、そのどうしようもなさ、どうにもならないことの気づきによって、言語を超越したひとつの境地に辿りつけるかのようです。「ない」を連呼することによって、いつのまにか「ある」になっているような感覚です。「色は空であるからこそ（諸行無常であるから）、色は色でありうる」し、逆に「色が空でないならば（常住不滅の色になってしまうゆえ）、色は色でありえない」ということです。「色は空である」ことは「色が色である」ための必要条件であり、十分条件でもあるのです。色は独立存在ではないからです。

⑤

無無明（むむみょう）
亦無無明尽（やくむむみょうじん）
乃至無老死（ないしむろうし）
亦無老死尽（やくむろうしじん）
無苦集滅道（むくしゅうめつどう）

無智亦無得
以無所得故

（意訳）（苦しみの根源となる）無明もなければ、それが尽きることもありません。無明がないのですから、その結果としての「老いと死」もなく、それが尽きることもありません。苦、集、滅、道、という「四諦」もありません。覚りの智もなければ、それを獲得するということもありません。得るものなど、一切ないのですから……。

仏教における最大の目的は、人生の「一切皆苦」からの救済ですが、その苦の原因をさかのぼっていくと十二段階あって、その最終の根本原因が「無明」であると考えます。これを十二縁起といっています。それぞれのこまかい定義は省きますが、順に記せば、無明↓行↓識↓名色↓六処↓触↓受↓愛↓取↓有↓生↓老死、になるとされています。これは、仏陀の考えです。したがって、仏陀は、苦の究極原因である無明を滅しなさい、と説きました。

また、苦がどのようにして生まれるのかを分析した仏教の基本方針ともいうべき「四諦」、すなわち、この世は一切皆苦であるとする苦諦、苦の原因は煩悩であるとする集諦、したがって煩悩の消滅こそが苦からの解放であるとする滅諦、そのための八つの方法をまとめて示した道諦を説きました。この八つの方法が、二十五ページでお話した八正道です。

ところが、般若心経は、仏陀が見つけたこれらの方法のすべてを否定し、無化してしまったのです。つまり、仏陀は、原因と結果が結びついている因果と、私たちの行いによって生じる業というこの世の苦しみから逃れるためには、修行によって自分の心の在り方を変えようとしたのに対して、般若心経は、世界全体の見方を変えようとしたのです。

その出発点が、仏陀の仏教では、はっきりと決まっている宇宙の因果律という大原則を、すべてない、ないの「空」の概念によって、夢幻化してしまったわけです。

仏陀の仏教は、まず自利があって、それが利他につながるような行いをよしとしますが、大乗仏教での利他は「自己犠牲」のスタイルを取ります。

つまり利他から自利に向かう、そのためには、まず、世界は「空」であるということを見抜いた人の徳を敬い、その証としてお経を崇め、唱えることを説きます。それが般若心経なのです。

もう一度、繰り返してお話しすれば、仏陀の仏教は、修行によって自らを見つめ、自分自身が目覚める自利が先決であって、それが利他につながるとしました。

その一方で、大乗仏教で重要だとしたことが「自己犠牲」によってもたらされる利他が、まわりまわって自利に至ると考えていたようです。そこから生まれたのが「布施」です。

もともと、インドの伝統的な世界観には「因果」とそれを土台にした「業」という考えがあります。仏陀はそれを基本として、この世をつくる基本的要素は、互いに絡み合いながら、定められた因果則によって、変転を繰り返し、ものごとが現れると考えていました。

したがって、世界は、それらの集合体にすぎないのですから、世界には不変な実体など存在しないという考えをしていたようです。

つまり、世界をつくる基本的要素の離合集散から万物ができているという現代科学に近い認識です。そこから、私という絶対的存在はない、という「諸法無我」という概念も出てきたのでしょう。

その一方で、般若心経では、それらの基本要素さえもないと断じているのです。また、私たちが、考えたり行動したりすることによって、そこに、目には見えないエネルギーのようなものが生まれ、それを「業」と名づけていますが、仏陀は、その業からの脱却をめざし、繰り返し生まれ変わるという「輪廻（りんね）」も乗り越えて、「涅槃」に至ることをめざしました。そして悪いことは当然、禁じられますが、逆に善いことをするのも禁じたようです。それは、その善いことが、何かの手段になっているかもしれないことを怖れたからです。そして、自我意識を捨てた状態で、すべてを行い、生きることこそ、ほんとうの生き方だと説いたのです。

般若心経では、この世には、どんな法則もない、ただ、あるのは、何もないことを覚った観自在菩薩の智慧なのであるから、菩薩のいう通りに、その教えを唱えるだけで、「因果」「業」「輪廻」などの束縛から脱却できることをおおらかに謳いあげているのです。

仏陀が、きわめて論理的、知的な思考をめぐらし、「まず、自分で自分を救う方法を見つけ、それがはっきりと身についたところで、他者にも広めていこう」という姿勢と対照的です。

仏陀の理性的思考に対して、般若心経の教えには、どこか夢幻的なところがあって、きわめて情緒的で詩的な魅力があるように思います。

⑥
菩提薩埵（ぼだいさつた）　依般若波羅蜜多故（えはんにゃはらみったこ）
心無罣礙（しんむけいげ）　無罣礙故（むけいげこ）
無有恐怖（むうくふ）　遠離一切顛倒夢想（おんりいっさいてんどうむそう）
究竟涅槃（くきょうねはん）

（意訳）菩薩は「得るものなど何もない」という智慧の完成を得たことによって、

心を覆う妨げになるものはなくなり、そのことによって、怖れもなく、現実とはかけ離れた倒錯した思いに惑わされることもなく、涅槃、究極の永遠なる安らぎの境地に入られたのです。

ここから、このお経の後半に入ります。菩提薩埵とは、前にもお話ししたように、「覚りを求めて修行する求道者（bodhi-sattva）」のことです。また、「罣礙」とは、〝覆うもの〟という意味ですから、〝こだわり〟のことで、それらがなくなれば、心を覆う悩みごともなくなり、晴れやかになっていくということです。苦しみの根源は〝執着〟にあるということですね。

では、心を束縛するものがなくなるとはどういうことでしょうか。

それは堂々めぐりになりますが、すべてにおいて〝執着〟〝こだわり〟を捨てるということのようです。また、「涅槃」とは、ニルヴァーナ（nirvāṇa）の音写で、一切の迷いから脱した境地のことですが、小部経典ウダーナ（Udāna）には、〝一切、何もない場所〟

として説明されています。たとえば、〝そこには地も水も火も風もなく、空間の増減もなく、無一物もなく……〟などとすべてが否定形で書かれています。一瞬、死の世界のことではないか、と思いたくなるのですが、無限の可能性がある場所としてのゼロの出発点であると考えたらどうでしょうか。

仏陀は、この世界をつくっている因果の法則は変えることはできないゆえ、こちらが努力を積み、自分の心の在り方を変え、そのことによって、生きる苦しみに打ち勝っていこう、と考えます。

ところが、大乗仏教は、仏陀のような努力は普通の人間には無理だとして、自分を変えるというより、因果のほうを変える方法を模索しました。それが、「利他」のエネルギーによって、運の流れを変えるという考え方です。「回向（えこう）」ともいいます。その中で代表的なものが、奈良・法隆寺の玉虫厨子に描かれている「捨身飼虎（しゃしんしこ）」です。

これは、飢えたトラの親子に自分の体を与えるという物語です。極端な「自己犠牲」ですが、究極の「お布施」ともいうべき物語です。他者のために善行を積む、という行為も、その代償を求めれば、「利他」ではなく、「利己」になってしまいます。そういった意味からすれば、仏陀が自己変革を目的として行った修行は、「利己」であるように見えても、その先には「利他」が見えていると考えるべきでしょう。

⑦

三世諸仏（さんぜしょぶつ）
依般若波羅蜜多故（えはんにゃはらみったこ）
得阿耨多羅三藐三菩提（とくあのくたらさんみゃくさんぼだい）

（意訳）過去、現在、未来を通しておられるすべての仏陀は、智慧の完成によってこのうえない正しい覚りを得られたのです。

ここで、〝阿耨多羅〟は〝アヌッタラ（anuttarā）〟の音写で、「この上なく」の意味で、〝三藐三菩提〟は〝サムヤクサンボーディー（samyaksaṃbodhi）〟の音写で、「覚り」の意味です。したがって、漢字そのものには意味がありませんので、唱えるときには、音だけに留意して唱えればいいと思います。それにしても訳者の玄奘さんの音写力はすごいですね。このリズム感がかもしだす雰囲気は、すばらしいですね。しかも、一つのフレーズに「三」という字を二回も使うなど、見た目の構成力も、目を見張るものがあります。

仏教の世界では、過去、現在、未来を通して、たくさんの仏陀がいて、人が仏陀になるための条件は般若波羅蜜多にあるといっています。そのためには、般若心経を唱えることこそが、ほんとうの智慧の獲得に到達する近道だといっているのです。

ところで、智慧の獲得とは、いったい、何を理解したということなのでしょうか。ひとことでいってしまえば、今という一瞬を、空間的、時間的にあるがままに受け入れて生きるということではないでしょうか。〝あるがまま〟とは、〝すべて丸ごと〟ということであり、「今」を「永遠」に結びつけることだといってもいいでしょう。

過去は、すでに過ぎ去ったもので存在せず、未来もいまだ到来していないのですから存在しません。もし、あるとすれば、この一瞬だけでしょう。そして、その一瞬があるとすれば、それは、過ぎ去ることができません。

なぜなら、過ぎ去るとすれば、過去になることであり、存在しなくなるからです。言い換えれば、一瞬こそ、永遠であり、だからこそ、かけがえのない一瞬を百パーセント〝あるがままに受け入れ〟生き切ることが大切だというのでしょう。それが、正しい覚りの状況だともいえるのではないでしょうか。

その状況を、道元は、「火を噴く今」というように表現しています。時間の波の先端に立って波と共に動いていくので、そこでは、過ぎ去る時間は存在せず、永遠だというのです。そのことに気づくことが大切だというのです。現在の中に、過去も未来もすべて含まれている、ということですね。

―気づくということ―

一ばん星

広い　広い　空の　なか
一ばん星は　どこかしら
一ばん星は　もう　とうに
あたしを　見つけて　まってるのに
一ばん星の　まつげは　もう
あたしの　ほほに　さわるのに

広い　広い　空の　なか
一ばん星は　どこかしら

（まど・みちお）

⑧

故知般若波羅蜜多（こちはんにゃはらみった）
是大神呪　是大明呪（ぜだいじんしゅ　ぜだいみょうしゅ）
是無上呪　是無等等呪（ぜむじょうしゅ　ぜむとうどうしゅ）
能除一切苦（のうじょいっさいく）
真実不虚（しんじつふこ）

（意訳）ですから、智慧の完成とは何かを知るために、理解すべきことは、般若波羅蜜多は、すべてを明らかにする大いなる真言であること、しかも、それは最高の真言であり、比べるもののないほどの真言であり、だからこそ、一切の苦しみを取り除く真言であり、まったくうそ偽りがないから真言なのです。

ここに出てくる「呪」という言葉は、日本では、〃まじない〃とか〃のろい〃という意味で使いますが、中国では、悪魔を払うとか、逆に神々を招くという意味をもっていて、梵語では、マントラ（mantra）といい、ここでは真言と訳してあります。平たくいえば、「呪文」といってもいいかもしれません。

ところで、マントラとは、もともとは、ヴェーダの祭りのときに唱える文言のことです。ヴェーダというのは、バラモン教の根本聖典です。紀元前一五〇〇年〜同五〇〇年ごろに書かれたインド最古の文献で、全部で、リグ、サーマ、ヤジュル、アタルヴァの四つがあり、自然讃美を詩の形で記したものです。中でも、『リグ・ヴェーダ讃歌』の第十章、一二九歌の〝宇宙開闢（かいびゃく）の歌〟は圧巻です。

そのとき（太初において）無もなかりき、有もなかりき。空界もなかりき、その上の天もなかりき。何物か発動せし、いずこに、誰の庇護のもとに。深く測るべからざる水は存在せりや。……そのとき、死もなかりき、不死もなかりき。夜と昼とのしるし（太陽、月、星など）もなかりき。かの唯一物（タート・エーカム）は、自力により、風なく呼吸せり（生存の兆候）。これよりほかに何ものも存在せざりき。

（『リグ・ヴェーダ讃歌』辻直四郎訳／岩波文庫）

ここで、「タート・エーカム〝tad ekam〟」とは、中性の宇宙の根本原理のことです。〝無もない〟という部分はナーサッド・アーシット（nāsad āsit）の訳ですから、この歌のことを「ナーサッド・アーシティア讃歌」ともいっています。〝無もない〟という表現が、原始仏教の中にも受け継がれていることがうかがえますね。

さて、話を戻して、この真言の理解こそが、すべての救済につながると訴えているのが、般若心経のこの部分です。

⑨

故説般若波羅蜜多呪（こせつはんにゃはらみったしゅ）
即説呪曰（そくせつしゅわく）
羯諦羯諦波羅羯諦（ぎゃていぎゃていはらぎゃてい）
波羅僧羯諦（はらそうぎゃてい）
菩提薩婆訶（ぼじそわか）
般若（波羅蜜多）心経（はんにゃ（はらみった）しんぎょう）

（意訳）般若波羅蜜多において、真言は、つぎのように説かれました。

羯諦羯諦波羅羯諦　波羅僧羯諦　菩提薩婆訶

「ガテー　ガテー　パーラガテー　パーラサンガテー　ボーディ　スヴァーハー」

（行ける者よ、行ける者よ、彼岸に行った者よ、完璧に彼岸に渡った者よ、覚りよ、幸いあれ）

このように般若心経の最後は、見えない力を信じて、ひたすら唱えることに意義があるとしています。

これは、J．L．オースティン（John Langshaw Austin, 1911-1960）によれば、三十九ページでお話しした、「パロキューショナリー・フォース」と呼ばれているもので、発語行為によってもたらされる力が、生み出されるからです。たとえていうならば、何かの行動を起こすときに、かけ声をかけることにも通じる行為です。あえていえば、昔の修験者たちは、山岳修行で、山に登るときに、「六根清浄（ろっこんせいじょう）」と唱えながら登っていたといいます。

ここでいう六根とは、私たちが、世界を認識する器官、すなわち、視覚、聴覚、嗅覚、味覚、触覚、そしてそれらを感じる心のことをいいます。それらの感覚、心を清浄にしながら修行として登山を行うというものです。一説によれば、ここから、「どっこいしょ」というかけ声が生まれたともいわれています。

ところで、ここで説かれる真言の部分の漢訳には、まったく意味がありませんから、音だけに注目して、唱えればいいと思います。ただ、梵語で意味するところは、（行ける者よ、行ける者よ……）という内容になります。いうなれば、これは、超越的なるものへの讃美の言葉であり、キリスト教でいえば、「ハレルヤ」に相当すると考えてもいいと思います。そのように考えれば、最後の〝般若（波羅蜜多）心経〟は、「アーメン」に相当するといってもいいでしょう。

「アーメン」マリアへの祈り

Ave Maria, gratia plena,
Dominus tecum
benedicta tu in mulieribus
et benedictus fructus ventris tui Jesus
Sancta Maria mater Dei
ora pro nobis peccatoribus,
nunc, et in hora mortis nostrae.
Amen

恵みあふれる聖マリア
主はあなたとともにおられます。

主はあなたを選び祝福し、
あなたの子イエスも祝福されました。
神の母、聖マリア
罪深いわたしたちのために
今も、そして死を迎えるときも祈ってください。
アーメン

（著者意訳）

二百六十二文字の祈り

全知者である高貴なお方に対して、礼拝いたします。

観音さまが、深遠な智慧について洞察された結果、存在するものには五つの要素があることに気づかれました。

しかし、それらのすべてには、実体がないことを見抜かれました。そのことによって、一切の苦しみから脱却されたのでした。

シャーリプトラよ、よくお聞きなさい。

私たちは、物質的な体をもっていて、そのことを離れては、存在できませんが、よく、考えると、その本性は「空」なのです。変わらぬ物質的実体などはないということです。

「空」とは「何もない」ということではなく、何もないからこそ、すべてを生み出すことができる根源なのです。つまり、そこからたくさんの現実が生み出されるのですから、物質的なものだともいえます。

言い換えれば、物質的側面は、「空」の表れ方だということです。

私たちの感覚や心の作用も、まったく同じです。

シャーリプトラよ、よくお聞きなさい。

すべてのものは「空」なのですから、いろいろなものが生まれたり、消えたりしているように見えても、その根源は、何も変わってはいません。ですから、汚くなることも、清らかになることもありません。増えたり、減ったりも見かけだけのことで、根源的には変わるものではありません。

その奥には、偉大な真理として真実があるだけです。

ですから、シャーリプトラよ。実体がない、ということなのですから、感覚器官による感覚から、心の作用に至るまで、絶対的なものは何もないのです。覚りもなければ、迷いもなく、老いも死もなく、それらがないということは、それらがなくなるということもないということです。絶対的な苦しみも、その原因もありません。絶対的な知識やものの獲得もありません。すべてが「空」なのですから。

そのような意味からすれば、心を覆うものがないということなのですから、怖れもなく、転倒した心からも遠く離れ、心静かな平安の中に入ることができるのです。

過去、現在、未来にいらっしゃる目覚めた人たちは、すべて、そのような智慧に到達されて、正しい覚りを得られています。

そこで、人は知るべきなのです。智慧の完成に至る真言、大いなる真言、無上の真言、無比の真言、それは、すべての苦しみを鎮めるものであり、偽りがないからこそ、真実であることを。その真言とは、つぎのようなものです。

「ガテー　ガテー　パーラガテー　パーラサンガテー　ボーディ　スヴァーハー」

（行ける者よ、行ける者よ、彼岸に行った者よ、完璧に彼岸に渡った者よ、覚りよ、幸いあれ）

これで智慧の完成は終わりました。

以上を、さらに要約すると、

「私たちは、感覚器官で外界を認識し、それを心で現実の感覚として組み立てているのですが、それらのすべては、〝空〟から生じた幻影のようなものです。そのことに気づけば、すべての苦から解放されます。そのためには、ただ、真言を唱えればいいのです。そうすれば、『空』の究極の境地に入れるでしょう。その真言とは〝ガテー　ガテー　パーラガテー　パーラサンガテー　ボーディ　スヴァーハー〟です」

まさに、「発語による力」のことですね。この真言を唱えることで、「空」の境地に入れれば、不思議な力が湧いてくることを伝えているのが、この般若心経の趣意です。

般若心経は、なぜ、そうなれるのか、ということには触れていません。ただ、唱えなさい、とだけいいます。唱えるか、唱えないかは、あなた次第、ということで、そこに一切の強制はありません。仏教のおおらかなところです。

般若心経の構成は、とてもドラマティックです。全知者への礼拝からはじまり、覚った観自在菩薩の紹介、その内容は、すべてが「空」であることを見抜いたことの紹介に終始し、最後に、真言を教えてあげよう、という形で書かれています。真言の前までは、すべてが、序奏です。

第3章

現代宇宙論から見た般若心経

夜はなぜあるのか

最新の宇宙研究の成果からいえば、私たちの宇宙は、今から百三十八億年の遠い昔、ひとつぶのかぎりなく熱くまばゆい光から生まれたとされています。実は、十六世紀から二十世紀にかけて、この宇宙は、はるか昔から定常的に存在していて、無限の広さをもつ存在なのではないかと多くの天文学者たちが考えていました。

その根拠のひとつは、星たちが、あるところまでにしかないとすれば、お互いの星の間に作用する万有引力に不均衡が生じて、宇宙がつぶれてしまうというものです。しかし、その一方では、もし、そうであったら暗い夜はないのではないかという疑問も出ていました。そのひとつが「オルバースのパラドックス」として広く知られている命題です。このことに気づいていたのが、スイスの天文学者、シェゾー（Jean Phillipe Loys de Chéseaux, 1718–1751）で、一七四四年のことでしたが、それから七十九年後の一八二三年に、ドイツの天文学者、オルバース（Heinrich Wilhelm Matthäus Olbers, 1758–1840）によって定式化されたものです。

たとえば、同じ幹の太さの樹木が生えている森の中に入って、まわりを眺めている情景を想像してください。近くにある樹木と樹木との間には、少し遠くにある樹木が見えていて、その先には、さらに遠くの樹木が見えています。もし、森の大きさが無限に広ければ、まわりは樹木だらけで、森の外の風景は見えません。ここで、樹木を星に置き換えてみます。もし、星がどこまでも続いて存在しているのであれば、空は星だらけになり、空全体が、太陽の表面のように輝くというのです。

それぞれの星が太陽と同じ程度の輝き方をしている星だと仮定すれば、空全体がおよそ十万個の太陽で埋めつくされていることになります。しかし、現実には夜があります。なぜでしょうか。その理由のひとつにあげられるのが、宇宙の大きさは有限であって、無限ではない、とする考え方です。先ほどの森の例でいえば、森の大きさがほどほどであるために、遠くに見える樹木と樹木との間に、樹木のない風景、つまり森の外の風景が見えるということです。

その後、アメリカの天文学者ハッブル（Edwin Powell Hubble, 1889–1953）やスライファー（Vesto Melvin Slipher, 1875–1969）たちが、遠くに見える銀河が私たちの銀河系から遠ざかっているということを発見し、その観測データから、ベルギーの司祭であり、天文学者でもあったルメートル（Georges-Henri Lemaître, 1894–1966）、そしてハッブルによって宇宙が膨張していることが発見されました。一九二九年のことです。

宇宙が膨張しているのであれば、時間を逆に過去にさかのぼれば、宇宙の大きさは小さくなり、宇宙は、有限の過去に、生まれたのではないかと考えられるようになります。この推論は、暗い夜を実現するためにもとても有利な仮定になりました。つまり、膨張していれば、遠くの宇宙からやってくる星の光はより弱くなりますし、宇宙には、無限の過去から星がなかったということになりますから、無限の過去から存在する星からの光はない、ということになるからです。無限の過去からやってくる星の光が集積することがなければ、暗い夜を出現させるには、好都合になります。

そして、一九六五年に、アメリカの電波天文学者、ペンジャス（Arno Allan Penzias, 1933–）とウィルソン（Robert Woodrow Wilson, 1936–）によって、宇宙の爆発的膨張による誕生の痕跡としての電波、すなわち、宇宙背景放射が発見されることになります。ここにおいて、宇宙には、はじまりがあったことが科学的事実として認められることになったのです。いわゆる「ビッグバン」による宇宙誕生です。

このように、宇宙に〝はじまり〟があったとすれば、もとを辿れば、この世界のすべては、お互いにかかわり合っていて、独立存在ではないことになります。つまり「縁起」の関係にあり、「空」だということになります。

ところで、この宇宙の膨張には、特徴があります。それは、地球から見て、より遠くにある銀河ほど、より速い速度で遠ざかっている、という観測結果です。これを「ハッブルの法則」と呼んでいます。二次元の世界で考えれば、風船の表面に、等間隔に水玉模様を描き、ふくらませていくと、どの水玉模様からまわりを見ても、周囲の景色は同じように遠ざかっているように見えます。つまり、「ハッブルの法則」が成り立つ世界では、どこが膨張の中心なのかが特定できないということです。さらにどこが宇宙の果てであるかも特定できなくなります。つまり、その膨張を観測している地点が、膨張の中心でもあり、そこが世界の果てでもあると考えても不都合がないということです。言い換えれば、自分という中心的存在がないという意味で、「諸法無我」だということになります。

光から生まれるもの

限りなく熱く、まばゆいひとつぶの光から誕生した宇宙は、すさまじい勢いで膨張しながら温度を下げていきます。すると、風呂場のあたたかい湯気が冷えた窓ガラスに接触して水滴になるように、光のしずくが生まれます。そこから基本粒子が生まれて、原子となり、それらが集まって分子となって、この世界に存在するありとあらゆるものをつくりだします。

一例をあげれば、宇宙創生のとき、最初につくられたものは、もっとも簡単な構造をしている水素原子です。それらがしだいに集まって水素の雲のような塊になり、しだいに大きくなると中心部が圧縮されて温度が上がります。そこで水素が核融合反応を起こし、ヘリウムを生成する過程でエネルギーを発生し、最初の星が誕生します。現在の太陽が輝いているのと同じ反応です。水素が枯渇してヘリウムの量が増えると、そこから炭素が合成され、さらに窒素、酸素と元素の合成がすすみます。そして、鉄の元素ができた時点で、鉄は吸熱作用があるために、核融合反応は停止します。

その結果、星の中心部から外側に向かって支える内部圧力がなくなり、星は収縮し、一挙に温度が上がって大爆発を起こし、宇宙空間にまき散らされます。「超新星爆発」です。

このように、宇宙空間にばらまかれた星のカケラが集まって太陽ができ、地球が生まれて、生命が誕生します。つまり、ビッグバンによる宇宙創生から、私たちの生命誕生に至るまで、すべてが、基本粒子たちの離合集散によるドラマだということになります。宇宙は、かたときも動きを止めることなく、変化し続けているというわけです。「諸行無常」です。

私たちの体をつくっている物質の主成分は炭素です。樹木も動物も、私たちも焼けてしまえば黒い炭になります。水分が抜けてしまって炭化するからです。また、生物にとって一番大切な遺伝情報は、四種類の塩基、すなわち、A（アデニン〝adenine〟）、T（チミン〝thymine〟）、G（グアニン〝guanine〟）、C（シトシン〝cytosine〟）ですが、これらすべての分子を構成する主要元素は炭素です。これらの炭素は、例外なく、星が光り輝く過程で合成されたものです。そして、それらの炭素は、バクテリアや植物や動物をつくった後、〝縁あって〟私たちの体に取りこまれたのです。

私たちにも誕生と終焉があり、すべてが移ろいの連続です。原子分子レベルで見れば、それらの離合集散です。私たちの人生に限って考えても、移ろうからこそ、新しく生まれ変わることが可能になり、苦しみが楽しみに変わる可能性もあり、豊かな人生そのものが創出されるともいえます。

「諸行無常」とは、すべては移ろい、はかないもの、という意味ではなく、幼い子どもの成長が楽しみに感じられるような希望でもあるわけです。そのような観点から宇宙を眺めてみると、仏教思想に基づく宇宙観と最新科学に基づく宇宙観には、多くの共通点があるように思います。

物質の生成と「ゆらぎ」

すべての物質は分子からできています。分子とは、その物質としての性質をもつ最小単位のことです。水の例でいえば、水分子は、二つの水素原子と一つの酸素原子から構成される化合物です。分子式で書けば、H_2O です。実は、これらの原子たちが集まって分子をつくり、さらに分子たちが集まって物質を構成するプロセスに欠かせないのが、それぞれの原子たちの間で行われる電子の交換です。それぞれの原子、分子が、自分の電子と相手の電子を交換しながら、結合している。つまり、相互依存です。

さらに原子の中心にある原子核も、陽子、中性子などの素粒子の集合体ですが、これらの素粒子たちも、互いにパイ中間子という粒子を放出、吸収しながら姿を変えることによって結びついています。あたかも互いにキャッチボールをしながら結びついているかのような風景です。言い換えれば、プラス電気を帯びた陽子は、プラス電気をもったパイ中間子を放出して、電気をもたない中性子に姿を変え、その隣にいる電気をもたない中性子は、パイ中間子を吸収して、プラス電気を帯びた陽子に姿を変えます。

このことを最初に「中間子理論」として一九三四年に予言したのが日本の湯川秀樹博士（一九〇七―一九八一）で、一九四七年にその粒子の存在が確認され、一九四九年、日本人最初のノーベル物理学賞受賞者になりました。このように、私たちが目にしているすべての物質は、ミクロの目で見れば、つねに姿を変えながら、同じ姿にとどまることなく、ゆらゆら〝ゆらぎ〟ながら全体の姿をたもっています。また、熱エネルギーというのは、これらの粒子たちの振動によってもたらされるエネルギーです。氷が解けて水になるのは、空気中にある窒素や酸素の分子が氷に衝突したり、太陽熱などの放射エネルギーが氷の中の水分子にエネルギーを与えて、水分子同士の結合を弱めることによる現象です。さらに、外側からのエネルギー供給を増やせば、ゆるく結合している水の分子の鎖も断ち切って、水蒸気になってしまいます。

このように、すべての自然現象は、揺れ動きながら、姿を変えています。「諸行無常」です。しかも、個々の分子たちには名前がありません。太陽の中にある水素も、私たちの体の中に含まれる水分としての水をつくる水素原子も、まったく同じ物質で、性質上の区別はありません。ただ、居場所が異なるだけで、太陽になったり、命をつくったりしているだけです。これも「縁起」で結ばれた「諸法無我」でしょう。さらに、私たちの空間の中では、光からマイナス電気を帯びた電子とプラス電気を帯びた陽電子のペアが生まれたり（対生成）、逆に電子と陽電子が結合して光になって消えてしまったり（対消滅）しています。

しかも、このプロセスは、マイナスエネルギーで満たされた真空の海に入射した光のエネルギーが、その中からプラスエネルギーをもつこの現実世界にたたき出した電子の抜け殻が、陽電子だと考えると、万事うまく説明がつくことがわかりました。つまり真空の中にぽっかり空いた穴が現実の粒子のように振る舞うというのです。この粒子を使ったがんの検診がＰＥＴ（陽電子放射断層撮影、Positron Emission Tomography）です。私たちを取りかこむこの世界は、めまぐるしい変化によって成り立っています。

具象でもなく抽象でもなく

森の中に分け入って、木の葉の隙間から漏れてくる木漏れ陽は、なぜか、放射状に広がって見えます。夜、街灯の光を、目を細めて見ても、同じように光はまわりに大きく広がって見えます。その光景は、防波堤の隙間から入ってくる波が周囲に広がっている光景にとてもよく似ています。

また、二枚の薄いカーテンが重なっていると、そこには、不思議な縞模様が見えます。風でカーテンが揺れると、縞模様がオーロラのように揺れてとてもきれいです。これは「回折現象」といって、波に特有な性質です。

つまり、光は波の性質をもっているということです。光を回折格子という細い隙間を通して、その縞模様を観察することによって、光の波長を測定することができます。目に見える赤から紫までの光は、波長がおよそ○・○○○七七ミリから○・○○○三八ミリの間の光です。

ところで、ある一点から生じた波は、その周囲に同心円を描きながら広がっていきます。水面に小さな石を投げこんだときの光景を想像してください。

そのとき、波の強さの広がり方は、距離の二乗に反比例して弱くなりながら広がっていきます。距離が二倍になれば、強さは四分の一に、三倍になれば九分の一になります。そこで、今、肉眼で見えている太陽が、どれくらいの距離まで遠ざかれば見えなくなるかを計算してみると、なんと〇・二光年になってしまいます。

太陽は、宇宙の中に存在する平均的な恒星ですから、あまく見ても、一光年以上の距離にある恒星はほとんど見えないということになってしまいます。ところが、私たちは、数百光年彼方にある恒星の光を見ることができます。たとえば、冬の夜空を飾るオリオンの星たちまでの距離は、いずれも数百光年です。

この事実は、光が波ではないことを示しています。そして、遠い宇宙空間を旅してくるには、小さな空間にエネルギーが閉じこめられているような粒子でなければならないことが示されます。

波の性質と粒子の性質を兼ね備えている光とはいったい何なのでしょうか。

この疑問も、近代科学が芽生えてからの最大課題のひとつで、数百年の間、科学者たちを悩ませてきた難問でした。この問いかけにひとつの解答を与えたのが二十世紀初頭に生まれた物理学の新しい分野、量子力学です。

量子力学によれば、光は光そのものであって、波でもなく粒子でもないというのです。木の葉を通して見るか、夜空を見上げるか、というように、光をどのような状況で見るかによって、光は波であるかのように、また粒子であるかのように見えるというのです。

言い換えれば、姿が固定されて変わらない実体としての光は存在しないということです。あえて言うならば、光の本性とは、抽象的な数学の中でしか表現できない何ものかであって、それを見ようとする観測者によって、如何ようにも姿を変えて現実世界に現れる不思議な存在なのです。これを光の二重性といいます。

言葉を換えれば、見方によって、相手の姿が変わってくるということですね。「不確定性原理」などと呼ばれているこの自然界の性質は、「色即是空」、「空即是色」の別表現だともいえるでしょう。

タゴール（T）とアインシュタイン（E）の対話から

T　この世界は人間の世界です。世界についての科学理論も、科学者の見方にすぎません。

E　しかし、真理は人間と無関係に存在するのではないでしょうか？　たとえば、私が見ていなくても、月は確かにあるのです。

T　それはその通りです。しかし、月はあなたの意識になくても、ほかの人間の意識にはあるのです。人間の意識の中にしか月が存在しないことは同じです。

E　私は人間を超えた客観性が存在すると信じます。ピタゴラスの定理は、人間の存在とは関係なく存在する真実です。

T しかし、科学は月も無数の原子が描く現象であることを証明しているではありませんか。あの天体に光と闇の神秘を見るのか、それとも、無数の原子を見るのか。もし、人間の意識が、月だと感じなくなれば、それは月ではなくなるのです。

インドの詩人、思想家でもあるタゴール（Rabindranath Tagore, 1861–1941）が、一九三〇年、アインシュタイン（Albert Einstein, 1879–1955）の別荘を訪れたときに交わされたという対話の一部です。

タゴールの〝存在するとは認識されること〟であるとするバークレー（George Berkeley, 1685–1753）の立場からの発言に対して、〝存在するけれども知覚されないものもある〟とするアインシュタインの立場の対照が面白いですね。

この問題は、後に量子力学をめぐってのボーア（ Niels Henrik David Bohr, 1885–1962）

とアインシュタインとの論争に発展し、現在に至るまで決着がついていません。いったい、私たちが見ているものとは何なのでしょうか。宮沢賢治（一八九六―一九三三）も「月天子」という詩の中で、これと同じような論説を行っています。そこでは、科学の見識が、宗教の世界とは拮抗しないものであることが論理的に書かれています。おそらく、病床にあったからこそ、神仏への宗教心が、科学と矛盾しないことを確信したかったのかもしれません。タゴールとアインシュタインの対話をしのぐほどの迫力は感動的です。

月天子

私はこどものときから
いろいろな雑誌や新聞で
幾つもの月の写真を見た
その表面はでこぼこの火口で覆はれ
またそこに日が射してゐるのもはっきり見た
后そこが大へんつめたいこと
空気のないことなども習った
また私は三度かそれの蝕を見た
地球の影がそこに映って
滑り去るのをはっきり見た
次にはそれがたぶんは地球をはなれたもので
最后に稲作の気候のことで知り合ひになった

盛岡測候所の私の友だちは
――ミリ径の小さな望遠鏡で
その天体を見せてくれた
亦その軌道や運転が
簡単な公式に従ふことを教へてくれた
しかもおゝ
わたくしがその天体を月天子と称しうやまふことに
遂に何等の障りもない
もしそれ人とは人のからだのことであると
さういふならば誤りであるやうに
さりとて人は
からだと心であるといふならば
これも誤りであるやうに
さりとて人は心であるといふならば

また誤りであるやうに
しかればわたくしが月を月天子と称するとも
これは単なる擬人でない

（宮沢賢治：手帳より、昭和六年十一月六日　疾ミテ食摂ルニ難キトキノ文）

風の発見

目には見えないけれども、たしかに存在するもの。風は古来から多くの人々の心をとらえてきた不思議な存在でした。おそらく、私たち人間が生きていくために欠かせない呼吸もまた風であるという想いと関係があったのかもしれません。

ギリシャ語でプネウマ（pneuma）といえば、人間の生命の原理を意味しますが、その語源はpneo（πνέω）で「吹く」という意味ですから、呼気、風を意味するといってもいいでしょう。その一方で、梵語のアートマン（ātman）は、インド哲学における宇宙の根本原理を意味するブラフマン（brahman）に対する自分というような意味合いですが、ここから派生したと思われるのが、ドイツ語の「呼吸する」という意味の単語、アートメン（atmen）だということも興味深いことです。つまり、風は呼吸と深く結びついていて、生きている命そのものとかかわる概念だということです。

さらに、風は「触覚」を通して感じられることにくわえて、見えない「音」という聴覚を通しても感じられることから、人々の想像力をかき立てる存在でもあり続けました。フランスの哲学者であり詩人でもあるG・バシュラール（Gaston Bachelard, 1884-1962）は「風の中に誰かがいる」といい、宮沢賢治は、「どどうと吹いて」などという風の表現の中に人の気配を盛りこんでいます。このように風は、見えないながら、どこか生きもののような雰囲気を漂わせている不思議な存在のようです。

今から三千年以上も昔に書かれたインド最古の文献、『リグ・ヴェーダ讃歌』第十巻、一二九歌「宇宙開闢（かいびゃく）の歌」は〝そのとき無もなかりき、有もなかりき〟という衝撃的な書き出しからはじまりますが、さらに、〝そのとき、死も不死も、そして太陽も月も星もなかった〟と続き、その後に、〝かの唯一物（宇宙の根本原理）は、自力により風なく呼吸せり〟と書かれています。原初には呼吸があり、そこから風が派生したというのです。

まるで、現代宇宙論でいうところの「量子論的無の〝ゆらぎ〟」が呼吸だとすれば、風がビッグバンに相当するといってみたくなります。自然風の強弱のゆらぎ、星のまたたき（光度変化）、宇宙から降り注ぐ放射線強度のゆらぎ、そして私たちがリラックスしているときの呼吸数や心拍数のゆらぎが、同じ数学的性質をもっているということも、私たち自身、風から生まれたこの宇宙の一部分であることの証であるといってもよいでしょう。

宇宙の公平さの中で

夜空に光の鉛筆を走らせたように駆け抜ける流れ星、年間を通して見られますが、特に夜風に吹かれながら見上げる光の美しさはひとしおです。流れ星は、時折、地球に近づいてくる彗星の尾がまき散らした大きさ数ミリメートル以下の星のカケラと、毎秒三十キロメートルという猛烈な速さで公転している地球が真っ向から衝突することによって起こる現象です。このカケラたちも動いていますから、地球の大気圏に突入するときの相対速度は、毎秒数十キロメートル、そこで、大気との摩擦ですさまじい高温になって光り輝き燃え尽きるのです。

さて、一年の中で、話題になるのが八月中旬にかけてやってくるペルセウス座流星群です。星座の名前がついているのは、地上から見上げたときに、あたかもその星座を中心にして、流れ星が飛び出すかのように見えるからです。降りしきる雪の中を車で走ると、雪が進行方向の視野中央の一点から放射状に広がって見えるのと同じ理屈で、地球が星のカケラの中に突っこんでいく方向に、その星座があるということなのです。

ところが、たまに、さらに大きな星が地球に向かって飛びこんでくることがあります。

二〇一三年二月十五日、ロシア・チェリャビンスク上空十五～二十五キロメートルで、直径約二十メートル、重さ約一万トンの飛来物が爆発、その閃光と爆風でおよそ千五百人の負傷者を出したことは、いまだ記憶に新しい出来事です。そのエネルギーは広島型原爆の三十倍以上でしたから、もし、これが市街地に落ちていたら、近代史を塗り替えるほどの大惨事になっていたでしょう。

一九〇八年には、直径六十メートルの天体がロシア・ツングースカ上空で空中爆発、広島型原爆の数百倍にあたるエネルギーで東京二十三区全域の広さを超える森林を焼き尽くし、さらに六千五百万年前には、直径十～十五キロメートルの小惑星がメキシコ・ユカタン半島に落下、恐竜絶滅の原因になりました。今も、直径百六十キロメートルの落下痕が残っています。

こうした状況の中、二〇一七年、全世界の研究者たちが日本科学未来館（東京都江東区）に集結し、「第五回・地球防衛会議（ＰＤＣ）」が開催され、天体衝突の危機とどう向き合うべきか議論されました。

現在発見されている地球近傍天体の数は、およそ一万五千個。もし、地球人類の存続を願うならば、今こそ、全世界が地球家族として結束すべきときでしょう。その一方で、地球に生命をもたらしたのも星の衝突だったかもしれない、という宇宙のすさまじい公平さの中で、いかに生きるべきかが問われているのが現代だともいえます。

美しさの本質

人が〝美しい〟と感じるものはそれぞれだと思いますが、小川のせせらぐ音や星のまたたきを前にすると無条件に美しい、と感じる方々も多いのではないでしょうか。

人間の脳は、〝変動するもの〟に敏感に反応するという性質があります。たとえば、ホテルで寝ているとき、冷蔵庫から聞こえるジーッという音が最初は気になるけれど、時間が経つにつれ、気にならなくなる。けれど、その音がパタッと止まると、反対に気になるという経験はありませんか？　人間の脳は、変化しない刺激には慣れてしまって感知できないのです。同じ香水をつけていると、そのニオイに気がつかなくなり、つけすぎてしまうというのも脳のメカニズムに起因しています。

ところで、万物の構成要素である原子は、とても小さな粒子ですが、それらは、さらに小さい粒子をキャッチボールすることによって放出したり、互いに姿を変えてゆらぎながら分子をつくっています。自然界には静止状態がなく、常にゆらぐことによって存在しています。人間の脳も例外ではなく、脳細胞の中の分子がゆらぐことによって、形や音、ニオイなどを〝変化するもの〟として敏感に感知しています。

ゆらぎにまつわる、こんな興味深いエピソードもあります。世界で二足歩行のロボット研究がはじまったころ、正確に歩くようプログラミングしたところ、なかなか成功しませんでした。そこで、関節のネジに適当な遊びをつけてガタガタとゆらぐようにしたら、二足歩行が可能になったというのです。ロボットにも、ゆらぎが必要だったというわけです。

自然界に多く見られる〝ゆらぎ〟には、半分予測できて半分予測できないという性質があります。これを、〝f分の１ゆらぎ〟といいます。たとえば、自然界の風は、扇風機と違って、吹かないと思ったら吹いたり、吹いてくるなと思えば吹かなかったり、予想が当たる確率は半分ずつです。

実は、この節の冒頭でお話しした小川のせせらぎの音や星のまたたきも同じようなゆらぎ方をしていて、私たちの脳は、この〝ゆらぎ〟の刺激を受けると、脳自身のゆらぎと呼応して、心地よい、美しいと感じるらしいことが最近の研究でわかってきました。

さて、半分予測できて半分予測できない、ということは生きていくうえでも大事なことです。明日のことがまったく予測できないと、怖くて生きていけないけれど、明日のことがわかっていたら、これも怖くて生きていけません。今日はお金がないけれど、明日は給料日だからがんばろうと思えるし、明日の何時何分に大事故に遭うなど、わかっていたら恐ろしくて生きていけないでしょう。

その不確定性があるがゆえに、すべてが存在できるし、生命体も存在できる。半分予測できて、半分予測できないというのは、生きていくために自然界が用意してくれた大事な性質なのです。

現実と認識のはざまで

私たちは、視覚、聴覚、味覚、嗅覚、触覚という五つの感覚器官で、外界と接しています。たとえば、今、目の前で起こっている出来事として、花火を見ているときのことを考えてみましょう。

花火が美しい光の花を開かせたその一瞬とは、見ている人にとっては、すでに過去の出来事です。炸裂した花火の場所から、観察者のところに光が届くまでに時間がかかっているからです。そして、それからしばらくの後、ドカンという破裂音が聞こえます。光の速さは毎秒およそ三十万キロメートル、音の速さは、その九十万分の一で、毎秒三百四十メートルという違いがもたらした現象です。光で見るか、音で聞くか、で見る人の「今」は違ってきます。

仮に、すぐ目の前で起こっていることであっても、すべては過去の出来事です。というのも、その出来事が光としてあなたの目に入ったとします。その光は、目の細胞を活性化させ、電気信号に変換されますが、その電気信号は、視神経の細胞をつぎつぎに伝わり、脳に届きます。そこで、さまざまな情報処理が行われて、「見えた」という認識がもたらされます。その時間は、およそ〇・一七秒くらいだといわれています。音は、それよりも少し早く、〇・一三秒くらいだそうです。とすれば、光と音がすぐ目の前で同時に生じた場合、音のほうが〇・〇四秒早く認識されるということです。特に、暗闇で発生した光の認識には、さらに多くの時間がかかるという報告があり、したがって暗闇で生じる光と音の同時性には、さらに多くの誤差が生じるはずです。しかし、人は、それをほとんど、同時だと認識します。それは、脳が、それらの認識の差を調整して「同時」にしているというのです。いわゆる「同時性の窓」と呼ばれている現象です。

こうして考えてみると、ある現象が同時に起こったとしても、各人各様に認識することになり、客観的な同時は存在しないことになります。極端な表現ですが、私たちが感じる「今」は「幻」のようなものです。さらに、宇宙規模にまで話を広げると、今、月とオリオンを同時に見ていると思っても、月は一秒前の月の姿ですし、オリオンは数百年前の姿です。

さらに、目の前で光を一回点滅させ、音を一回鳴らす実験をしたとします。被験者は「光が一回、音が一回」と答えます。つぎに、光を一回、音を二回鳴らすと、ほとんどの被験者は「二回光り、二回音がした」と答えるそうです。脳が、勝手につじつま合わせをしてしまうのです。私たちは、正常な認識の中でも、「ないものを見る」ことがあるのです。それが脳の特性です。

このように現実と私たちの意識の間には、「ずれ」があり、それを脳は、絶えず修正しながら、意識をつくろうとしています。そのことによって、外界で起こっている出来事を、私たちはつじつまの合った物語として認識しているのです。つまり、時間の流れそのものを脳はつくり出しているわけです。これが、「五蘊皆空」であり、したがって「受想行識」をはじめとして、「不生不滅」、「不垢不浄」、「不増不減」、「無眼耳鼻舌身意」「無色声香味触法」、「無眼界乃至無意識界」と「すべて〝空〟である」と続くのです。

「おもかげ」としての現実

先ほど一〇八ページで光の二重性についてお話ししました。じつは、光だけではなく、原子を構成する陽子、中性子、電子など、素粒子と呼ばれる粒子たちも、条件によっては、波のように振る舞うことが知られています。

こういったミクロの世界を扱う量子力学では、これらの粒子の振る舞いは、数学的な仮想の関数、波動関数で記述されます。この関数は実在するものではなく、目には見えない抽象的な数学世界に存在するものです。

たとえば、ひとつの電子の波動関数は、全宇宙に広がって存在しています。しかし、その電子の存在を確かめるために、光を照射するとか、ほかの粒子を衝突させるかすると、その波動関数が収縮して、局在化します。そして、ある特定の場所に存在する確率を計算することができます。その計算結果は、実験結果と完全に合致することから、現実のことであると認定できます。なぜ、そのようになるのかについては、いまだにはっきりとはわかっていません。それは、波動関数という実体のない抽象的な衣をまとった電子が、測定という操作と出会うことによって、たまゆらの姿を見せてくれている風景を彷彿とさせます。

話は変わりますが、万葉集の中で紀貫之が、こんな歌を詠んでいます。

こし時と恋ひつつをれば夕ぐれの面影にのみ見え渡るかな

今、来るか、来るかと待ちわびていると、その姿が夕闇の中に浮かび上がるという恋歌です。実像は一瞬ですが、おもかげは、過去から未来に向けての時間を引きずっているかのようです。おもかげとは、〝移ろう〟無常に対して、永遠としての〝常世〟への投影のような存在だといってみたくもなります。あるいは、ウツ（空）とウッツ（現実）をつなぐものといってもいいでしょう。ウツとは中心のないものを意味していて、そこから〝移る〟、〝映す〟となり、「おもかげ」になります。その一方で、オモテ（面）とは影の対極にあり、しかも、どこかに〝おもむく〟というニュアンスを含みます。すべては移ろい（無常）、相互存在（縁起）であるとするならば、「ない」と「ある」をつなぐ「縁起」がトワイライト化したのが「おもかげ」なのかもしれません。世界は、対極にあるものたちのバランスにおいて存在しています。光と影、陰と陽、表と裏などの補完的相互依存からできています。

ミクロの世界を扱う量子力学は、表の世界としての実数と、影の世界としての虚数を組み合わせた数学によって、構成されています。般若心経がめざす真言も、形のない音で唱えることが、現実をつくり出すという意味で、量子力学における実と虚がまじった複素数が織りなす数学的世界に似ています。それを表現するためには、すべての見えるものは不動の現実的実体ではなく、その〝おもかげ〟の先に、変わることのない永遠、つまり真言がもたらす世界があるような気がします。

――実体とは何だろうか――

海とかもめ

海は青いとおもってた、
かもめは白いと思ってた。
だのに、今見る、この海も、
かもめの翅（はね）も、ねずみ色。

みな知ってるとおもってた、
だけどもそれはうそでした。

空は青いと知ってます、
雪は白いと知ってます。

みんな見てます、知ってます、
けれどもそれもうそかしら。

（金子みすゞ）

般若心経の真髄

これまでお話ししてきたように、〝私たち〟とは、この宇宙が百三十八億年かけてつくった産物です。この宇宙によってつくられた産物が、それをつくった生みの親である宇宙について考えはじめています。フランスの哲学者、パスカル（Blaise Pascal, 1623-1662）が、その代表的な著作『パンセ』の中で、こんなことをいっています。

「人間は一茎の葦にすぎない。自然のうちで最も弱いものである。だが、それは考える葦である。彼を押しつぶすには、全宇宙が武装するには及ばない。ひと吹きの蒸気、ひとしずくの水があれば、彼を殺すのに十分である。しかし、宇宙が彼を押しつぶしても、人間は彼を殺すものよりもいっそう高貴であろう。なぜなら、彼は自分が死ぬことと、宇宙が彼を超えていることとを知っているが、宇宙は、それらのことを何も知らないからである」

人間は宇宙に包括された存在です。しかし、その一方では、〝考える〟ということにおいて宇宙を包括しています。AはBを包括し、BもAを包括するならば、完全にA＝Bになります。そのような観点に立てば、人間も宇宙のひとつの姿だということになります。

私たちは、日常の生活の中で、喜びや悲しみ、苦しみ、悔しさなど、いろいろな感情の嵐に翻弄されながら生きています。それらの出来事を認識するのは、誰の心でもなく、私たち本人自身の心です。言い換えれば、心のもちようひとつで、今、自分の身に起こっていることも、世界の様相も違って見えるということです。般若心経のめざすところは、〝すべては心次第〟ということへの気づきです。絶対的に存在する現実はなく、すべては意識によって生み出される景色であることを強調しています。そして、そのことの理解こそが、苦しみからの脱却を可能にするのだといっています。

過去はすでに去ったもので存在しません。未来は、いまだやってきていないのですからこれも存在しません。でも、「今」というこの一瞬はどうでしょうか。この「今」でさえ、客観的な「今」は存在せず、各個人自身が意識しているその人の「今」でしかありません。

しかし、その「今」は過去からの時間の集積の結果として存在していることは間違いないでしょう。同様に、未来は、「今」を起点とした時間の流れの先に期待されるものとして存在します。つまり、未来は今からどのように生きるかによって左右されます。未来は、「今」の中に包括されているということです。

ということは、記憶の中にある過去の価値は、これから迎えるであろう未来によって大きく影響を受けることになります。つまり、過去にこだわる意味はないということになります。「これから」が「これまで」を決めるということです。そのことに気づくことが生きることへの力になることは疑う余地がありません。般若心経の真髄は、まさにこの点に集約されると思います。

──すべては〝入れ子構造〟の中に──

蜂と神さま

蜂はお花のなかに、
お花はお庭のなかに、
お庭は土塀のなかに、
土塀は町のなかに、
町は日本のなかに、
日本は世界のなかに、
世界は神さまのなかに。

さうして、さうして、神さまは、
小ちやな蜂のなかに。

（金子みすゞ）

第4章

人生と宇宙時間

宇宙カレンダー

私たちの宇宙は、それを見上げている場所があたかも中心であるかのように膨張しています。膨張によって遠ざかる銀河の速さが、それを観測している場所から銀河までの距離に比例するという観測事実からの帰結です。そこで、時間を過去に巻き戻してみると、宇宙はどんどん小さくなり、宇宙の中にあるすべてのものが一点に凝縮されるわけですから、想像を絶する熱さで、まばゆいばかりに光り輝いていたでしょう。宇宙のはじまり、ビッグバンです。それは、今からおよそ百三十八億年前に、しかも、今、ここで起こったのです。というのも、先ほどお話しした通り、膨張の中心が地球であると考えても差し支えないからです。その証拠として、ビッグバンの残り火である電波雑音が今、ここで聞こえています。「宇宙背景放射」です。そこで、百三十八億年を現実の一年間に縮めた「宇宙カレンダー」で宇宙の進化を辿ってみましょう。一月一日、午前〇時に宇宙が生まれ、現在はその年の大晦日から翌年に変わる瞬間だと考えます。この尺度での一秒は宇宙の四百三十八年、人生の長さは〇・二秒くらいに相当します。

1月1日0時0分0秒　ビッグバン（１３８億年前）
4月11日　天の川銀河の形成（１００億年前）
9月1日　太陽と地球の誕生（46億年前）
9月2日　月の誕生（45億５０００万年前）
9月17日　海の誕生（40億年前）
9月22日　最初の生命誕生（38億年前）
11月6日　細胞核をもつ生物誕生（21億年前）
12月18日　魚類の出現（5億年前）
12月21日　最初の森が誕生（3億８０００万年前）
12月26日　哺乳類の誕生（2億年前）
12月31日19時30分　最初の猿人誕生（７００万年前）

21時08分　日本列島の形成（450万年前）
23時52分　現世人類誕生（20万年前）
23時59分54秒　仏陀の時代（2500年前）
23時59分55秒　イエスの時代（2000年前）
23時59分59秒　科学の芽生え（400年前）

こうして考えてみると、私たち人類は誕生したばかり、しかも、〇・二秒に満たない私たちの人生があるからこそ、翌年へのバトンタッチができるということなのですね。宇宙と人間との親密な関係です。

生きるという壮大な体験

覚えていますか。今からＸ（あなたの年齢を代入してください）年前、〇・一ミリメートルの大きさだったあなたは、お母さんの体内で父方の遺伝情報を背負って外からやってきたもっと小さな何億個という個体と出会い、その中のひとつと一緒になりました。するとあなたのお母さんの体内にある免疫細胞は、よそからの侵入者に驚いて攻撃をはじめます。それをかわしながら子宮の中に逃げ込んだとしても、減数分裂に失敗して、お母さんの体内から排出されてしまいそうな危機もありました。

それをなんとか乗り切ったあなたは、子宮の中で分裂を繰り返して一カ月、小さな魚のおもかげになりました。それから数日経ったころ、魚の心臓から、左右に隔壁ができて、肺循環への準備が整い、上陸への期待が高まります。さらに数日経つと、魚の姿から大きさ二センチメートルくらいのヒトの形になりました。

この過程の中で、SRY遺伝子が目覚めると、性別が確定し、それから、およそ二百四十日余り、最初の大きさから五千倍くらいの大きさになって、お母さんの胎内からこの世界に上陸したのです。理由は定かではありませんが、音楽などの合奏で音合わせの基準になる四四〇ヘルツに近い産声をあげて！

私たちの体の構造は数学的にいえば、チクワ構造、口から胃、腸へと続く一本の管が基本です。これは無脊椎動物時代の名残です。背骨は魚時代の名残です。この数億年にわたる宇宙進化のプロセスをわずか一年足らずで駆け抜けてきた新生児の「あなた」は、泣くこと、お乳を飲むこと、眠ること、そして排泄すること以外は、何もできませんでした。お乳を飲むといっても、ほかの哺乳類とは違って、自分で立ち上がって飲むことさえできませんでした。それは、人間だけが立ち上がり、大きな脳をもつことができるようになったことと引き換えに骨盤の間隔が狭まり、あなたの脳が十分に完成しないうちに生まれ出なければならなかったからです。

だからこそ、あなたは、学校に行って、学ぶ必要があったのです。こうして考えてみると、今ここにあなたが存在していることの奇跡も、血縁関係を超えた広い意味での子育ても、宇宙進化の追体験だといってもよさそうですね。私たち人間は、ほかから与えられることなしには生きていけません。

哺乳類の中で、代償を求めることなしに、純粋に与えることができるのは私たち人間だけです。どう生きるべきかの答えは、人類進化の歴史の中にも見え隠れしているようです。

自分と他者

かつて、生物のほとんどは卵の状態で生まれていました。ところが火山の爆発など、地球環境の変化により酸素が不足し、母体の中である程度まで育てる必要が出てきたことから、胎生哺乳類の歴史がはじまります。そこで赤ちゃんは、母体が動いても安全がたもたれるよう、魚のような状態で羊水の中に浸かって進化する道を選びました。ちなみに、羊水の成分は海水に近いことがわかっています。

受精後約三十二日目の赤ちゃんはまだ魚の顔で、エラのようなものが見えます。約三十四日目になると鼻が口に抜ける両生類の姿に、約三十六日目には原始爬虫類のような形に、約三十八日目に喉の器官ができ、約四十日目に人間の顔立ちになります。つまり、地球が三十八億年近くかけて行った生物の進化を、人間の赤ちゃんは、発生からわずか四十日足らずで駆け抜けてしまうのです。単純に考えれば、この間の胎内の赤ちゃんの一日は、地球の一億年分に相当することになります。すごいですね。つまり、胎内での個体発生は、地球が系統発生として生物を進化させてきたプロセスを、ものすごい速さで繰り返しているわけです。魚から両生類、爬虫類、哺乳類、人間までの進化を、胎内ではたった八日で成し遂げるなんて、信じられませんね。これこそが、命の不思議であり神秘です。

生まれた赤ちゃんにとっての初めての試練は、〝魚〟との決別です。大きな声で泣いて肺の中にたまったたくさんの羊水を吐き出し、肺呼吸に切り替えて、人間に生まれ変わるのです。私たちが、まばたきをするのは、いつも目がぬれていた魚時代の記憶が残っていて、陸では乾いて痛くなってしまう目を涙で潤して、痛みを取るための仕草だったのです。

生まれたばかりの赤ちゃんには自分と他者との区別がありません。「母親の胎内がすべて」だからです。しかし、生まれた後にお乳を飲みはじめると、自分ではない別の存在がいることに気づきます。「自分」と「母親」の区別です。それが、数の「1」と「2」。そして自分と母親以外の第三の存在、たとえば、父親など他者との出会いから生まれる認識が「3」です。このように「1・2・3」という数の感覚は、生後まもなく形成される基本的認識力だと考えられています。私たちにとって、数えなくても瞬時に理解できる最大数は3までだといわれていますが、その理由は、大人になっても生まれた直後の記憶に支配されているからなのかもしれません。人間の誕生と数字の誕生の間にも、深いかかわりがあったなんて不思議ですね。

音の力

北海道中部の十勝連峰の岩場には、私たち哺乳類の祖先だといわれている「なきうさぎ」が生息しています。ねずみくらいの大きさで、鋭く「チチッ」と鳴きますが、とても用心深く、その姿を垣間見るには、岩陰で息を潜めてじっと待つことを強いられます。その用心深さゆえに、恐竜との共存にも耐えて、氷河期さえも乗り切って現在まで生き続けてこられたのでしょう。実は、恐竜の聴覚機能が貧しかったことは化石から推測されます。もし、そうであるならば、恐竜は夜間、活動を停止するでしょうから、その隙間を狙って、「なきうさぎ」は暗闇の中で聴覚を発達させながら、細々と生きてきたと考えられます。ここで、聴覚機能は、そのまま脳の発達を促しますから、人類への第一歩を踏み出したことになります。

人間の胎児の成長過程を見ても、五感の中で一番時間をかけて、丁寧に形成されていくのが聴覚だという事実も、そのことを物語っています。考えてみれば、哺乳類は母親の真っ暗な胎内で過ごしますから、視覚は必要ありません。嗅覚や味覚は、摂取する食物が安全であるかどうかを確かめる機能ですが、胎内では、すべての栄養分は臍の緒を通して供給されますから、これらも必要ありません。

触覚は、生まれた後、母乳を摂取するために必要な感覚ですが、それは自分の指などをしゃぶりながら胎内で学習します。そして五感のうち、聴覚だけが胎内の血流や鼓動の音などを通して外界とつながっている唯一の感覚なのです。そのことの裏返しが、言葉をもたない赤ちゃんの意思表示は泣くことがすべてであるということにつながります。

音は言葉に先行するコミュニケーション手段なのです。一方、言葉は、四足歩行から立ち上がって二足歩行になったとき、重力によって喉の構造が変化して、微妙な音が出せるようになったことから生まれたものです。

ところで、言葉はものごとの論理的思考を可能にする力をもっていますが、生の感情の中に潜む機微は、書かれた言葉よりも発音される声の中により多く存在します。「ありがとう」という言葉は感謝を意味しますが、それを音として発音すると、どういう状況での感謝なのかが、より明確になります。そういった意味合いからすると、メールやＳＮＳといった文字情報でのコミュニケーションが優先される現代の先行きが心配にもなります。音楽が、人種や国籍を超えて理解される世界共通語だという理由も、そこにあります。はじめに〝言葉ありき〟というより、〝音ありき〟だったということですね。

宗教の起源

自然界で生きている生きもの、たとえば、虫や動物たちを捕まえようとすると、例外なく逃げようとします。捕まえられたくないかのようです。これは殺されたくない、ということにも通じる思いで、長く生きたいという主張なのかもしれません。命とは、長く生き続けたいという情動を内包しているもののようです。

私たち人間も同じです。ただ、ほかの動物たちと違うところは、自分の命は永遠ではなく、有限だということを知っているということです。そして、どんなに努力してもその事実から逃れられないつらさと苦しみを知ってしまったとき、どこかに救いや慰めを求めようとします。そこで、ふと、目覚めるのが、絶対的な保護者であり救済者でもあった母親の胎内回帰への願望です。それは、出生後であっても、母親からの一心同体的な庇護を受けて成長することに受け継がれ、現実を生きていく過程での大きな原動力にもなってきました。

それにくわえて、人類の進化史をひもとくと、理由は、はっきりしないのですが、「いつも誰かに見られている」という意識が、集団の暴走を食い止め、秩序をもたらすことによって持続可能な集団社会を実現するカギになっているらしいことがわかっています。これらのことが、西洋の宗教に見られる人格をもった「神」という概念を生み出したようです。その目的は永遠への救済です。

その一方で、人間を、輪廻転生、因果応報、天の秩序といった宇宙の法則そのものの中に組みこまれた存在として位置づけたうえで、それらを支配する非人格的な力を信じることによって、広大無辺な宇宙のひとかけらとしての永遠の生を希求するのが、東洋のたとえば仏教に代表される宗教の形です。

そして、世界の三大宗教といわれているキリスト教、イスラム教、仏教をはじめとして、ほかの多くの宗教に共通するのが、強いカリスマ性をもった預言者の存在です。しかし、日本の神道は、預言者不在で自然への畏怖を直接的に信仰するという意味で特殊な宗教です。

ところで、宗教にはそれぞれの教義がありますが、ひとことでそれらの共通項を抽出するとすれば、「他者を傷つけない」、梵語でいうところのahiṃsā（アヒムサ）であり、それを支えるのが「他者を丸ごと受け入れ寄り添う」、ラテン語でいうところのclementia（クレメンティア）になるのでしょうか。

とすれば、それらの実践のスタートは、まず「自分ファースト」からの脱却であることは否めません。

人類のはじまり

地球上に生命が誕生したのがおよそ三十八億年前。そこから十億年ほどの間、すべての生きものはメスだったということがわかっています。メスたちは自分の体を分裂させることでコピーをつくり、種の保存に努めてきましたが、体の遺伝子情報がまったく同じ生きもの同士は病気にも感染しやすく、最悪の場合、絶滅の危機にさらされることも起こりえます。メスは子孫を残すために、有利な多様性をつくる方便として、オスの必要性に気づき、その結果、この世にオスとメス、男性と女性が誕生したのです。

人類のはじまりは女性だった。そう考えると、生物学的には男性は女性にかないません。だから、男性というのは威張っていないと、いても立ってもいられないのかもしれません。「俺はこんなにも仕事をがんばっているんだ」とか、「自分はこう思う、君もそう思うだろう」とか、自分の世界観を押しつけてしまうことがしばしばあります。それに対して、女性はじっと我慢をする。男性よりもずっと包容力があり、忍耐強いのです。

男性と女性とでは、誕生の歴史からして異なります。だから、「男女は別の生きもの。互いに相手のことを百パーセント理解することは不可能」と意識することがまず大事。そのつぎに心がけるべきことは、「それでも理解しようと努力する」。程度の差こそあれ、「あなたを理解できない」でよいのです。「あなたのことをすべて理解したい」という気持ちもわかりますが、それは、関係性の崩壊につながる可能性があります。

これは、自然界での分子形成にそっくりで、たとえば水分子は水素と酸素が程よい間隔をたもち、互いの電子を共有しながらくっついています。くっつきすぎると、壊れてしまう。男女の関係も、程よい距離感と共通の話題を交換することから信頼関係が生まれます。

「愛情が続くのは三年が限界」。これも、男女間の問題でよくいわれることですが、これは、生きるための智慧として脳が獲得した性質なのです。つまり、人間というのは慣れる生きものなので、どんなにおいしいものでも毎日食べると飽きてしまう。男性と女性のつき合いも、非日常だったものが日常になったり、〝ありがとう〟だったことが〝当たり前〟になってしまったり。それはいたしかたないことですが、極端に〝当たり前〟の割合が増えてきたときは〝要警戒〟です。

そんなときは、どうしたらよいと思いますか？　男性と女性のかかわりも三年ごとに〝免許の更新〟をするのです。免許の更新とは、今までとは違う方向から相手を見るということ。見方を変えることで、新たな一面が見えてきますから。それを三年、また三年と繰り返すことで、二人の仲を深めていけるはずです。

『星の王子さま』の作者、サン＝テグジュペリの言葉にこうあります。「愛するということは、互いに見つめ合うことではない。同じ方向を見ることです」。見つめ合うだけでは、相手の粗しか見えません。男女の違いを受け入れ、価値観の違いを超えるには、「将来、家を建てよう、こんなことをしよう」と、共に未来の夢に向かって同じ方向を見ることが大切なのです。

男女という個性

「男女はわかり合えない？」「恋愛の賞味期限が三年って本当？」……男女に関する話題は、いつの時代も尽きません。それらにはさまざまな説がありますが、「男性はこうだから、女性はああだから」と、既存の枠の中で話していても解決策は見つからないでしょう。人類の進化の歴史において、男ってなんだろう？　女ってなんだろう？　というところまでさかのぼると、たくさんのヒントが見えてきます。

およそ七百五十万年前、人類の歴史に大きな進化がありました。四足歩行から二足歩行になったのです。立ち上がることによって脊椎の上に頭が乗り、人類は大きな脳を獲得。

そのおかげで考えることができるようになりました。一方で骨盤の間隔は狭くなり、これまでのような出産が難しくなりました。

本来なら、人間の胎児の生育には六十五週間が必要です。けれど、人間のお母さんは、狭い骨盤から赤ちゃんが出てくることができるギリギリの四十週前後にがんばって出産するようになりました。完全に育った状態での出産はできなくなっていったのです。だから、生まれたばかりの赤ちゃんは立ち上がって母乳も飲めないし、ひとりで歩くこともできない。これは生物の中でも人間だけの特徴です。

男女の役割がはっきり分かれるようになったのも、この時代からです。お母さんは、ひとりでは何もできない赤ちゃんにつきっきりで一日中お世話をする。お父さんは、狩りに出たり家を建てたり、外に出て仕事をするようになりました。

「父親には、世界はこんなにも広いんだということを子どもに知らせる役割がある。母親は、世の中はこんなにもあたたかいんだよということを知らせる役割がある」

これは以前、北米に住む原住民の祈禱師が私に話してくれたことですが、今も深く心に残っています。七百五十万年前の暮らしと見事にリンクしたメッセージです。

男性は目の生きもの、女性は耳の生きものといわれる所以もこの時代の生活スタイルにあります。男性は、狩猟を主な仕事としていたので視覚が敏感なうえ、獲物を捕った後、家に戻るための方向感覚も優れています。女性に比べ、男性の方向音痴は比較的少ないですよね。女性は、暗闇の中にいても赤ちゃんの泣き声だけでお腹が減っているのか、どこか痛いのかなど敏感に判断します。「あなた、私のこと好きなの?」と、女性が何度も聞きたがるのも耳で確かめる生きものだからなのでしょう。それと育児には、さまざまな状況の記憶が必要です。だから、人の誕生日や結婚記念日など、記憶力は男性に比べ女性のほうが優れているのです。

男女には、さまざまな違いがあります。違いというのは個性なのです。男女の関係においては、それを人類進化の結果として認めることが大事です。七百五十万年前に人類がどんな生活を送っていたのかを探ると、男女に関するさまざまなヒントが見つかるかもしれません。

愛して、信じて、待つ

子どもを育てることに大変さや難しさを感じている方々は、たくさんいらっしゃるでしょう。私も、かつての教え子たちからの相談を受けることがしばしばあります。実は、現代社会が抱える子育ての問題の起源は、数百万年前の人類の歴史にあります。

長い間、森の中で暮らしていた人間が巨大地震による森の破壊によって草原に下りてきて生活するようになると、肉食獣の攻撃で人口減の危機にさらされることに。それまでは、ゴリラのように数年に一度程度だった出産の間隔が三年、二年と短くなり、母親の体は毎年子どもを産めるように変化しました。その結果、乳飲み子を抱えながら、生後間もない乳児を育てるには、母親ひとりでは手に負えず、母と子の一対一だった子育てから、集落の人たちの手を借りながらの集団養育へと変化していったのです。

現代では核家族化がすすみ、親や親戚の手を借りることが難しかったり、近所づき合いも希薄で、地域の人のサポートを受けにくかったり、といった状況があります。多くの家庭では夫婦二人で子育てに奮闘し、体力的にも精神的にも厳しい環境に置かれています。産後間もない母親がウツ症状を起こすケースも増えているようです。

人間は本来、集団で子どもを育てるように進化してきたにもかかわらず、現代では本来のスタイルから外れた子育てをしている。そのギャップに親たちはついていけず、苦労しているのでしょう。

また、集団養育だった時代は、「うちの子、なかなか歩かないのはなぜだろう」「言葉が遅いかもしれない」といった悩みを抱えていても、「もう少し待てば大丈夫よ」と、声をかけてくれる助言者がまわりにたくさんいました。ですが、今は育児情報こそあふれているものの、かつてのような助言者が身近にほとんどいません。流れてくる情報に翻弄され、ほかの子と比較してはひとり不安を抱える、という母親も少なくないでしょう。

長い歴史の中で、住む環境も子育てのスタイルも大きく変化しました。けれど、教育の基本というのはいつの時代も変わらないと思います。それは、「愛して、信じて、待つ」こと。それが愛の条件なのです。先生と生徒であっても、親と子であっても、恋人同士であっても、愛の条件は変わりません。

家事と育児を一手に引き受けているお母さんたちの負担は相当なものです。せわしない日々ゆえ、つい急かしてしまったり、すぐに結果を求めたりしがちですが、その子にはその子の個性やペースがあります。どんな子であっても、無条件に丸ごと受け入れて信じて待つ。それが大切なのです。

自分の顔

私たちの顔の形って不思議ですね。私たちが外界の状況を把握するために必要な五つの感覚、つまり、五感の感覚器官のすべては顔に集中しています。視覚器官としての目、聴覚は耳、嗅覚は鼻、味覚は口、そして顔全体の皮膚には触覚があります。以前、子どもたちからの電話相談の相手をしていたころ、「お口はどうしてお顔の真ん中にないの？」という質問を受けたことがあります。誰もが当たり前だと思っていることに対して、不思議を感じる子どもの新鮮な感覚に、回答者たちは振り回されっぱなしでした。そのときの私の答えが今回のテーマです。

口は、食物を体に運びこむ入り口です。その食物の安全を確かめるためにはにおいがひとつの指標になります。猫だって犬だって、食べる前に食物のにおいを嗅ぐ仕草をします。ひょっとしたらあなただって、冷蔵庫の中から日にちが経ってしまった食物などを出したとき、まず、そのにおいを確認するでしょう。そのためには、口とにおいを嗅ぐ器官である鼻の位置は近いほうが便利です。では、口が顔の真ん中にあったとしましょう。すると、鼻は口の上か下になります。もし、鼻が口のすぐ上、つまりおでこのあたりにあると、ぶつけやすく大変です。

一方、口の下にあり鼻の穴が上向きだとゴミが入りやすく、また雨が降ったときなど、雨水がたまって息ができなくなってしまいます。口と鼻の位置は、現在のデザインがベストなのです。目は、なるべく遠くを見通せるように上のほうがいいでしょうし、耳は、聞こえてくる音の方向を感知するためには、左右の間隔が離れていたほうが精度が上がりますから、顔の両側ということになります。

さらに、鼻の穴が下向きになっていると都合がいいことがあります。お母さんが赤ちゃんを抱っこすると、赤ちゃんのうなじが鼻の真下にきますよね。赤ちゃんのうなじからは、独特のにおいがして、それがお母さんの乳腺を刺激して母乳が出るようになるのだそうです。恋人たちが抱き合う姿勢でも相手のうなじが鼻の下にきますから、無意識ににおいを感知して信頼関係が育つのかもしれません。さらにいえば、うなじのうぶ毛には微弱電気を感じる特性があり、それが「気配」を感じる源なのかもしれないという最近の研究もあります。

顔のデザインには、人類進化の智慧と痕跡が隠されているかのようです。

適齢期は存在するか

室町時代の能作者、世阿弥（一三六三年頃―一四四三年頃）が、幼少期から老年期にかけて人生を七段階に分けて、芸事の精進の奥義を記した『風姿花伝』は、現代人の生き方指南書としても説得力に満ちています。世阿弥は、芸事の極みを「花」という言葉で表現していますが、中でも「時分の花」と「まことの花」のくだりは圧巻です。そこでは、「時分の花」とは、ある時期にだけ咲かせることができる鮮やかで魅力的な一過性の花のことであり、「まことの花」とは、自分という木は枯れていくとしても、そこで、密やかに咲き続ける芸事究極の「花」だといっています。そして「時分の花」をとことん享受し、味わい尽くしながらも、慢心することなく、さらなる研鑽を積むことが「まことの花」への入り口だと説きます。つまり、私たちの人生に置き換えれば、すべての時期が「適齢期」だということです。

そういえば、江戸時代の俳人、松尾芭蕉（一六四四―一六九四）の「草いろいろおのおの花の手柄かな」という作品にも「草にはさまざまな種類があるが、それぞれの花にはおのおのがもって生まれた深い味わいがある」という、世阿弥の言葉と同じような意味が込められています。

ところで、「適齢期」といえば、すぐに思い浮かぶのが「結婚」ですが、結婚適齢期という万人に共通な時期はあるのでしょうか。私は「適齢期」を無理に決める必要はないと思っています。生物学的には出産適齢期があることは確かですが、子どもの親にならなくても、学校の先生のようにたくさんの子どもたちの親として人類に貢献することもできます。人は三世代でほとんどの記憶が途切れるように設計されているといわれます。個体としてよりも種としての存続が優先されるからでしょう。

考えてみてください。自分の記憶の中にしっかりとあるのは祖父母までで、曽祖父母になると、ほとんど記憶の外に出てしまいます。やや極端ないい方ですが、将来的には、自分の子どもと他人の子どもの区別がなくなるということですね。

こうして考えてみると、私たちの人生においては、すべての瞬間が、「適齢期」であり、何かをはじめよう、と思い立ったそのときが適齢期だともいえます。つまり、生鮮食品のように、「賞味（消費）期限」などはない！ というのが人生なのです。

時間の不思議

世の中には、知っているようで知らないものがたくさんあります。その典型といってもいいのが、〝時間〟ではないでしょうか。日ごろ、私たちは時間を時計で計っていて、誰ひとりとしてその存在を疑う者はいません。けれど、時間を見ることも、時間に触ることもできません。物理の世界では、いかにも時間が実在するかのように扱いますが、それは、「コーヒーを飲んでから」「ケーキを食べる」というように、ものごとが起こる前後関係を指定する物差しにすぎません。では、時間とは何なのでしょうか。

時間の不思議について最初に論じたのは、二、三世紀ごろのインドの哲学者、龍樹（ナーガルジュナ）だといわれていますが、その後、四世紀から五世紀の神学者であり古代キリスト教の教父、アウグスティヌス（Aurelius Augustinus, 354–430）、さらに、日本では鎌倉時代初期の禅僧、道元なども時間について論じています。この三人は、時代も宗教も異なりますが、それぞれが書き残した時間論には共通している論点があります。

「過去は、過ぎ去ったものであるから存在しない。未来は、まだ来ていないから存在しない。ならば、過去でもなく、未来でもない時間を現在であるとしたとき、もしそれが過ぎ去るのであれば、存在しないことになる。したがって、現在は過ぎ去ることのない唯一の時間であって、過ぎ去らないがゆえに永遠である」

という論法をとっています。

それにくわえて、道元は、「過去も未来も、すべてが現在の中に含まれている」と喝破したのです。私たちが、過去だと思っていることは、今の自分の記憶であって実在ではない。未来を思う心も、すべて現在の意識の中での想像にすぎず、現在こそが時間のすべてを包括しているということですね。

それでは、ここで、物理学の時間について考えてみましょう。ボールを地上から真上に投げ上げたとします。最初は、勢いよく上に向かって飛んでいきますが、徐々にスピードを緩め、最高点に達したところで一瞬停止します。そして、今度は下に向かって落ちはじめます。最初はゆっくりと、そして次第にスピードを速めながら落下し、地上に達したときのスピードは、投げ上げたときのスピードとまったく同じです。この様子を撮影して逆回しで見てみると、ボールの動きはまったく同じで区別がつきません。言い換えれば、物理学、特に物体の運動を記述する力学の世界での時間には、絶対的な過去、未来の区別はないのです。どうやら、私たちが感じている時間とは、心の中でつくられる幻想のようです。けれど、生きものには誕生と死があり、私たちも、置かれている状況によって、時間の進み方を速く感じたり遅く感じたりします。不思議ですね。謎は深まるばかりです。

「今さら」を「今から」に

「物理学に出てくる時間には、絶対的な過去・現在・未来の区別がなく、単なる座標である」と先ほどお話ししましたが、ここでは日ごろ、私たちが感じている時間、つまり生物や心における時間について考えてみましょう。

生きものには誕生があり死があります。つまり過去、未来の区別があります。その理由は、生物がたくさんの独立した細胞からできていて、それらが集団になると、あたかも焚き火の煙が広がっていくときのように、バラバラになっていこうとする性質をもち、そのことが見かけ上、時間の流れに方向性を与えるからです（物理学用語では、エントロピー増大の法則といいます）。その一方で、ボールのように単独で固まった物体の運動では、過去、未来の区別には特別な方向性はありません。

さて、子どものときの一日は長く感じるけれど、大人になると一日なんてあっという間に過ぎていくように感じます。いったい、なぜでしょうか。ひとつの考え方としては、たとえば、五歳の子どもにとっての一年は人生の五分の一に相当しますから長く感じ、一方、八十歳の人にとっての一年は人生の八十分の一ですから、あっという間に過ぎるように感じるのかもしれません。また、子どもの元気な細胞は、新陳代謝が活発ですから、一度にたくさんの情報を処理することができ、そのために、時間もたくさんあるように感じてしまうとも考えられます。

もうひとつは、脳内で分泌されるドーパミンの量が多ければ、時間の進み具合を速く、逆に少なければ遅く感じるという最近の研究があります。つまり、ものごとに熱中しているときにはドーパミンの分泌量が多く、時計の一時間を三十分に感じたり、退屈しているときはドーパミンの分泌量が少ないため、三十分を一時間に感じたりします。となると、私たちが感じる時間は心の中でつくられている幻想だということになりそうですね。

ローマ時代の詩人、セネカ（Lucius Annaeus Seneca, BC1?–65）の有名な言葉に、「人生が短いのではない。われわれがそれを短くしているのだ」という一節があります。その言葉が表しているように、時計で計る一時間も、どう過ごすかによって感じられる時間の充足感、満足感はまったく異なるようです。人生をより長く、濃く生きるために私がおすすめしているのは、「新しいことや人に出会う」こと。驚きや新鮮さと出会うことによって細胞が活性化され、あたかも子ども時代がそうであったように、たくさんの時間を感じることができるでしょう。それによって、あなたの人生はより充実し、豊かな毎日になるはずです。そのためには、どんな些細なことであっても、不思議だな、と驚き、チャレンジしてみようと思う気持ちが必要です。〝今さら〟の〝さ〟を〝か〟に変えて、〝今から〟はじめてみてはいかがでしょう。

第5章

人生の行く先

プラネタリウム

今から七十七年前、太平洋戦争開始からわずか四カ月後の一九四二年四月十八日、日本本土上空に突如、米空軍爆撃機B－25が飛来しました。戦勝気分に浸りきっていた東京では、空襲警報も発せられず、何かの訓練ではないかと勘違いするほどののどかさでした。突如、焼夷弾攻撃、民間人としての初の犠牲者は、校庭から空を見上げていた中学生でした。真珠湾奇襲攻撃の報復として、発進した空母への帰還が難しいことを承知のうえで、B－25で強行された東京初空襲でした。

それから三カ月経った夏休みの午後、当時、小学校（正確には国民学校）の担任だった先生が、私たち二年一組の児童を連れて行ってくれた場所が、日本にはまだ東京、大阪の二カ所にしかなかったプラネタリウムでした。おそらく日本全土が焦土と化す日を予見しての先生の計らいだったのかもしれません。

やがて、敵国の宗教を教えるとして弾圧が強まるミッションスクールのひとつ、私立立教高等女学校（現・立教女学院）の礼拝堂から祈りの灯が消え、電波兵器としてのアンテナ試作工場になり、そのかたわらでは、手動計算機と計算尺で星の位置計算が行われていました。夜間飛行で、見えている星の位置から自分の位置を割り出す高度方位暦をつくっていたのです。天文航法です。今の制度でいえば、中学二年から高校一年に相当する女子生徒たちがつくっていたその紙片を胸に南方の空に散っていった多くの空軍兵士がいたという歴史を、しっかり心に刻んでおきたいですね。

ところで、戦前、戦中を通して、彗星探索家として世界的に知られていた本田實（みのる）氏（一九一三―一九九〇）を倉敷天文台まで訪ねていったことがあります。私がまだ中学生だったころです。

「私が星に興味をもったのは、星はすべての人たちに分け隔てなく姿を見せてくれるからです。それと、激戦地でも戦闘の合間に、単眼鏡で彗星を探していたのは、日本に残した両親に私の健在を知らせるためでした」

そのときにうかがった言葉が、今でも脳裏に刻まれています。その後、本田氏は瀬戸内海の孤島に隔離されていたハンセン病患者の施設に、小さな天文台を設置されました。肉親からも切り離され、人間としての尊厳も奪われていた人たちは、どういう思いで星空を見上げていたのでしょうか。

今、私たちが、美しいといって見上げる星空の奥に潜む光と影、それを希望の光に変えてくれるプラネタリウムであってほしいと心から願わずにはおられません。

星を見ること

最近、夜空を見上げていますか？　都市部では満天の星とまではいきませんが、それでも、一等星や惑星など明るい星を見ることはできるでしょう。

私たちは星を「見る」「眺める」といいますが、それは花や景色を見たり眺めたりする場合とは違った脳のはたらきで見ているのです。花や景色を見るときは、視覚で全体をとらえているのに対し、星を見るという営みは、遠い過去にその星を旅立った光と、それを見ているあなたの瞳がピンポイントでコンタクトしているということ。つまり、広大な宇宙と宇宙の産物であるあなたが、ダイレクトに触れ合っているということなのですね。明治の歌人、正岡子規（一八六七―一九〇二）の短歌にも、こんな作品があります。

「真砂なす数なき星の其中に吾に向ひて光る星あり」（砂粒を散らしたような大宇宙の無数の星の中に、自分に向かって光を放っている星がある）

さて、夜空には、光の速さで走ればたった一秒という月から、百億年を超えるような遠くにある天体まで、同時に輝いています。たとえば肉眼で見えるいちばん遠い天体、アンドロメダ銀河（Ｍ31）は、地球から二百三十万光年離れています。あなたがそれを見上げているということは、二百三十万年かけてその銀河からやってきた光とあなたの目が今、ここで、この瞬間に触れ合ったということです。あるいは、逆に考えて、あなたのまなざしが、二百三十万年かけて、アンドロメダ銀河に今、届いた、といってもいいですね。時をかける「まなざし」です。これは、宇宙体験のひとつだといってもいい過ぎではありません。しかも、星は私たちの手の届かないところにあって、私たちを見下ろしているのですから、ある意味からすれば、絶対者の象徴であり、そこから宗教が生まれてきたともいえます。クリスマスの季節、キリストの降誕を告げたというベツレヘムの星もそのひとつです。そのように、星を見るということのすごさは、ただ見上げて、きれいだな、と思うことを超えて、宇宙とあなたとの不思議で壮大なかかわりを〝感じる〟ということにあるのです。心で見る、ということですね。

星は、すべての人に対して分け隔てなく、光り輝いています。だからこそ、星は、見る人に勇気を与えるのです。かつてハンセン病棟敷地内に天文台をつくった本田實さんも、そんな気持ちだったのではないでしょうか。東日本大震災が起きた直後の夜、避難所に身を寄せる方々が降るような星空を見上げて生きる希望を見出した、という話もありました。

人はなぜ旅をするのか

「月日は百代の過客にして、行きかふ年もまた旅人なり……」。松尾芭蕉の紀行『おくのほそ道』の書き出しです。また、唐の詩人、李白（七〇一―七六二）も「天地は万物の逆旅にして、光陰は百代の過客なり、而して浮世は夢の如し……」と吟じています。

いずれも広大無辺な天地にくらべて、限られた人生を旅になぞらえ、悠久の時間、空間と自分の存在を重ね合わせようとしています。「旅」という言葉には、起点と終点が決まっている「旅行」とは違って、終わることのない永遠性への憧れのようなものを感じますね。

実は、私たち生物は、同じ場所にとどまっていては、生きながらえていくことができないように設計されています。生物が生息する環境はつねに変化しており、生物はその環境に適合するように、自らを変えていかない限り、生き続けることができないからです。一方では、私たちのように「心」をもっている生きものにとっては、環境に慣れ親しむことが、種としての進化にブレーキをかけてしまうことにもなりますから、時折環境を変えて身も心もリフレッシュすることが必要になります。私たちが、ふっと旅に出たくなることの理由です。赤ちゃんだってハイハイができるようになると、少しずつ自分の領域を広げながら、未知との遭遇を通して成長していきますよね。これも旅の原型です。

ところで、人類が企てた最も壮大な旅は、今から四十二年前にアメリカのＮＡＳＡが打ち上げた太陽系・外惑星探査機ボイジャーでしょう。ボイジャー1号の現在の位置は、地球から光の速さで走っても二十時間、二百十億キロメートルの彼方です。その漆黒の宇宙空間を、いつの日にか地球外知的生命体Ｅ.Ｔ.と遭遇するのを夢見ながら秒速二十キロメートルで航行しています。私たちの提案で地球文明のタイムカプセルとしてバッハの楽曲を含めた音情報などを収録したレコードをしっかり抱いて、決して帰ることのない一人旅を続けています。

そして、もうひとつ、心の内側に向けての旅も大切です。好きなことと向き合う時間の中で体験できる心の旅です。日々のあわただしさの中で、ほんのひととき、心の旅に出ることが新しい自分との出会いにつながり、元気が湧いてきます。外と内に向かう旅に出ることが、豊かな人生への第一歩になります。
生きるとは、あなた自身の旅の暦を綴ることです。

日本の文化に潜む√2

Oh, how many of them there are in the fields!
But each flowers in its own way —
In this is the highest achievement of a flower!

(Matsuo Bashó, 1644-1694)

「おお、この野原には、なんとたくさんの花たちが咲いていることか！　しかも、自分流に最善を尽くして！」という意味でしょうか。これは、ある物理学論文選集の冒頭に掲げられていた詩ですが、作者はBashō、そうです、あの芭蕉の俳句の英訳でした。元の句は「草いろいろおのおの花の手柄かな」だと推測されます。面白いですね。

英訳するとこんなに長くなるのに、日本語の表現は簡潔です。芭蕉の言葉を借りれば「高く心を悟りて俗に帰るべし」ということなのでしょう。日本語のこの特徴は、単語の入れ替えに対する寛容さにあります。

たとえば、「私は、昨夜、流れ星を見た」という日本語の表現は「昨夜、私は、流れ星を見た」ともいえますし、「流れ星を、昨夜、見た」というように主語を省略しても意味は通じます。一方、これを英訳すると、「I saw a shooting star last night」になりますが、ここで語順を変えたり、主語の「I」を省略することはできません。でも、日本語では可能ですから、そのことがより豊かなニュアンス表現につながるのでしょう。

ではもうひとつ芭蕉の句を。「古池や蛙(かわず)飛びこむ水の音」。苔むした古い池が静寂の中に広がっています。そこに、突如一匹の蛙が登場して、古池に飛びこみます。どぼーん。静かですね。大きな空間、小さな生きもの、音がするからこそ感じる静けさという逆説。日本語ならではの絶妙な情景描写です。

ところで、俳句は五、七、五ですね。５と７の比率は１・４、これは$\sqrt{2}$＝１・４１４２１３５６……に近い比率です。実は、日本の美意識には、$\sqrt{2}$が大きな役割を演じています。法隆寺の五重塔や中門の屋根の幅の比率、夢殿の白壁の縦横比など、すべて$\sqrt{2}$です。また、奈良時代の宮大工さんの曲尺（かねじゃく）には$\sqrt{2}$の目盛が刻まれていて、これを使って流麗な屋根の曲線を作図します。さらに、丸太の直径と、そこから切り出せる最大角材の一辺の長さの比も$\sqrt{2}$ですね。そういえば、Ａ４とかＢ５などと呼ばれている用紙の縦横比も$\sqrt{2}$です。これは、用紙を二つ折りにしていったとき、新しくできる用紙が相似形になるための条件なのです。美しい建築も用紙も$\sqrt{2}$からできているなんて、なんだかすてきですね。

人と人のかかわり

自然界は複雑な動きをしているかのように見えて、実はとてもシンプルです。

人と人のかかわりも同じです。

けれど、なぜ人づき合いにトラブルはつきものなのでしょう。

人は、自分の〝メガネ〟で外の世界を見ています。それゆえ、他人とかかわろうとするといろいろな葛藤が生じます。「どうしてあんなことをするんだろう」と感じるのも、「私だったらあんなことしないのに」という思いがベースにあるからでしょう。人の心には固有の履歴があり、それを基準にしてものごとを判断しがちですが、相手の尺度を想像できるようになると、コミュニケーションが成立し、はじめてその人の心が見えてきます。

とはいえ、人間は自分本位な生きものですから、お腹が減っているときは、相手を差し置いてでも食べたい。生きていくためには避けようがない本能です。相手のことだけを考えていたら、立ち行かなくなりますから。

では、自分と相手とのバランスをどう取るのか。それは、自己の利益をどれだけ相手の利益に転換できるかがポイントになってきます。人に与えることによって、自分も「幸せ」という利益が得られる。つまり、「私とあなた」の関係から「あなたと私」の関係にすることでしか人と人はうまくいかないようです。

相手あっての自分、というようなことは言い古されてはいますが、そういう当たり前のことを科学の目で見てみる。それが私の役割だと思っています。

ここで、人とのかかわりを物理の世界にたとえて考えてみましょう。

モノの存在を確かめるとき、手で触ったり、暗ければ光を当てたり、何かしらはたらきかけをします。それがリンゴだった場合、極端にいえば、触れることで表面の温度が上がったり形が崩れたり、元の状態から変化します。人間関係も同じで、相手とかかわりをもとうとすると、その人の状態を変えてしまうことになります。これは、量子力学の基本となる考え方で、不確定性原理といわれるものです。

会話をするときも、どんないい方をするかで相手の反応が変わります。たとえば、狭いところにモノを詰めこむと、そのモノが押しつぶされて、圧力が上がり、最後には爆発してしまうことも起こりうるでしょう。そのことから想像できるように、「なぜそんなことをしたの？」と、追い詰めるようないい方をすれば、相手は逃げ道を探すばかりで、本音など出てきません。まず、相手のいっていることを丸ごと認めたうえで、信頼関係をつくることが必要です。

かかわろうとする対象が小さければ小さいほど、こちらのはたらきかけによって元の状態を大きく変化させてしまいます。親子のかかわりが、まさにそうですよね。子どもを叱るときも、つい問い正すようないい方をしがちですが、「なぜ？」という言葉で追い詰めることは避けたいものです。子どもであっても大人であっても、自分のことを理解しようとしてくれていると感じると、うれしいものです。どんなに裕福であっても、理解してくれる人がまわりにいない人生ほど寂しいものはありませんからね。

未来を変える自由

私たちは、とかく過去にとらわれがちです。「あの大学に行けなかったから出世できなかった」「あの人と結婚していたらもっと幸せになれたのに」、と。満たされない今の境遇や気持ちを過去のせいにしがちですが、ほんとうに過去が未来を決めるのでしょうか。過去は文字通り、過ぎ去ったものであって、今、皆さんが過去だと思っていることは、頭の中に残っている現在の記憶でしかありません。過去という実体は存在しないのです。つまり完璧に固定された過去はありえなくて、今、この時点で思っている過去は、自分の都合のいいようにつくり変えたり、脚色されたりした記憶という幻想にすぎません。記憶は、日々、そのときの状態によって塗り替えられ、変容していくことが脳科学の研究からも確かめられています。あの時間はもう戻らないと懐かしんだり、もっとこうすればよかったと後悔してみたり、過去にこだわり続けているのは、あなたが、幻想として創りあげている物語なのであって、過ぎ去った過去そのものと向き合っているわけではありません。

ところで、あなたは、過去のことはわかるけれども、未来のことはわからないから不安だなどと思ってはいませんか。でも考えてみてください。私には、あなたがこの本を手に取る以前のことは一切わかりません。あなたの過去を知ることはできないということです。どこから来て、どのような経緯でこの本を手に取るに至ったのかは不明です。

しかし、この本を手に取った後のあなたの未来は予想できます。手に取った本を読み終えた後、古本屋に転売させるのか、それともあなたの御自宅のどこかに置かれるかのいずれかでしょう。過去よりも未来のほうが予測しやすいのです。より近い未来ならば、なおさらです。講演会場に集まってくる聴衆がどこから来たのかという経路を推測するのは、あまりにも多様で難しい。けれど、講演が終わった後の聴衆の行動はどうでしょう。会場の出入り口から出ていくであろうという予想はほぼ確実です。

私たちは、未来を変える自由を「今」もっています。そして、「今」という瞬間は、過去からの集積の結果としての「今」なのです。これからの未来をどう生きるかによって、その時々の「今」の集積として降り積もっていく過去は、未来によって新しく塗り替えられていくことになります。つまり、その時々で出会った出来事の良し悪しの評価は、その時点ではできなくて、その出来事の後にやってくる未来が、それまで辿ってきた過去の評価を決めるということですね。過去が未来を決めるのではなく、未来が、それを生み出した過去の価値を決めていくということです。言い換えれば、「これから」が「これまで」を決めるということです。過去も未来も、すべて「今」の中に含まれているのですね。過去にこだわり続けることには、意味がありません。大切なことは、いい未来を夢見て、「これから」の第一歩を踏み出すことです。とても感覚的な表現ですが、過去は新しく、未来は懐かしいものなのかもしれませんね。

言語の構造

ネコやイヌの鳴き声は、ほとんど世界共通です。もちろん、それぞれの国によって、オノマトペとしては違いますが、実際の音声は変わりません。実は、この当たり前としかいいようのない出来事の中に、人間だけが言語を獲得できた理由が見えます。それは、四足歩行から二足歩行へと立ち上がることによって人間になったという進化過程と深く関係しています。

人は、下向きの重力によって喉の構造が変わり、微妙な音が出せるようになったのです。それにくわえ、立ち上がることによって真っ直ぐになった背骨が、より高度に進化した重い脳を支えることができる構造になったことも、言語の獲得に大きく関与したようです。そして生活する地域の環境によって、それぞれの言語が構成されていきました。ただ、驚きや喜び、痛みがあるときなどに発せられる音声は、言語の獲得以前の原初感覚ですから、ほとんど世界共通です。これは、音楽が世界の共通語だという事実とも関連しています。

さて、老子の古典的名著『道徳経』の第一章に、「名無し、天地の始めには……」というくだりがありますが、私たちの思考は、言語なしではすすめられません。なぜなら、言語にはものごとを区別する機能があって、しかも抽象的普遍性があるからです。私が、ネコといえば、あなたの近くにネコがいなくても、ネコそのものの存在をリアルに想像することができるでしょう。言葉の力です。

その一方で、「『私はうそつきだ』と私は言った」という文章はどうでしょうか。私が正直者だとしたらこの文の内容はうそになりますし、私がうそつきであれば、やはり、この文は真実を伝えていません。言葉の利便性の裏に潜む矛盾です。

ところで、「これは太陽だ」と表現するとき、頭の中では太陽ではない地球や火星を連想します。つまり「太陽である」という表現の裏には「太陽ではない」ものが含まれているのです。これを仏教哲学者の鈴木大拙師は、「即非の論理」と呼び、禅の基本だとしています。碁盤の目のように交差する直線を書いて、交差しているところだけを消しゴムで消すと、そこに白い丸が生まれたように見えます。「ない」と「ある」が重なってしまう不思議です。それも言語表現がもつ二面性です。

月からの贈りもの

夜空が美しい秋の月は格別です。かつて月の満ち欠けと人々の生活は、密接につながっていました。月は「時計」として大きな役割を果たしてきましたが、それ以前に生物としての人間の進化にも大きな影響を与えてきました。たとえば、新月になると一面真っ暗になり、狩りに出られないので、その日は受胎をするよい機会になっていたと思われますが、そこから女性の心身のリズムと月の満ち欠けの間に深いかかわりができたと考えられています。

さて、みなさんもご存知のように、月は地球のまわりを回っている唯一の衛星で、地球に一番近い天体です。というのも、月は地球のカケラから生まれた天体なのです。地球ができて間もないころ、火星の三分の一ほどの大きさの天体が地球に衝突。宇宙空間に飛び散った地球のカケラは、地球の引力と地球のまわりを回ることによる遠心力が釣り合った場所に吹き寄せられるかのように集まっていきました。そして、そのカケラたちは、互いの引力で塊になり、わずか数カ月でできたのが月だったのです。

この天体衝突が、地球にもうひとつ大きな変化をもたらしました。地球の自転軸が二三・五度も傾き、地球の公転位置によって地上から見た太陽の高度が変わり、春夏秋冬が生まれたのです。地球に四季があり、なおかつそれが規則正しくめぐってくるのは、月の引力が地軸の傾きをしっかり固定しているからです。もし月からの引力がなかったら、朝は夏、夜は冬といったように、季節がころころと変わっていたかもしれません。

月から地球への贈りものは、四季だけではありませんでした。月が生まれる前、地球の自転速度は今の三倍で、一日八時間。今のように一日の長さが二十四時間になったのは、月の引力が地球表面の海水に作用して、一日二回の潮汐を起こし、地球の自転にブレーキをかけてきたからです。

もし月がなくて地球の自転速度が今の三倍だったら、地上は常に風速三〇〇～四〇〇メートルの風が吹き荒れる世界だったでしょう。ダンプカーだって、空中を舞ってしまいます。岩石も飛び交い、すさまじい風の音で、現在のような私たちの生活は成り立たなかったでしょう。となると、〝音〟もコミュニケーション手段にはなりえず、耳も発達しなかったでしょうから、当然のことながら、音楽も存在しなかったでしょう。私たちの今の生活があるのは、月があるおかげなのです。

月を愛でる気持ちの中に、月への感謝も含めてみたらいかがでしょう。

三百六十五日

十二月のことを「師走」といいますが、その語源とはなんでしょうか。諸説ありますが、いちばん説得力があるのは、御師(おんし)が走り回る季節だという説です。御師とは、日本人にとって、「一生に一度は」という憧れだったお伊勢参りのガイドのことで、伊勢への先導、宿泊、食事などの手配や、お土産品の買いつけなどのサポート、さらには、年末になると、伊勢に行けなかった人たちへの代行サービスとして、新しい年を迎えるための神宮のお神札（ふだ）を各家庭に配るために、走り回っていたというのです。そして、人々は大晦日にそのお神札を飾り、除夜の鐘を百八回突いて新年を迎えるのです。

　この百八という数は、仏教の世界でいうところの煩悩の数だとされていて、一回突くたびに煩悩もひとつ解消され、新しい年がはじまった瞬間に最後の百八回目を突いて安心立命の新年を迎えるという意味があるようです。そして、煩悩の数が百八ということにも諸説あって、たとえば、四苦八苦、（四×九）＋（八×九）で百八であるとか、あるいは、一年の暦を季節ごとに割り当てた十二カ月、二十四節気、七十二候を足したものだという話もあります。しかし、いちばんもっともらしい説明は、仏教の煩悩観にあるようです。つまり、煩悩を起こすもととなる人間の感覚には、眼、耳、鼻、舌、身、意の六つ（六根）があり、それぞれの感じ方には、「善い」、「悪い」「中庸」の三つ、さらに「浄（じょう）（清らか）」と「染（せん）（汚い）」の二つ、そして、前世、今世、来世の三つに及ぶと考えれば、6×3×2×3＝108だということになります。いずれにしても、心に深く染み入る鐘の音には、すべてを浄化するような不思議な力を感じますね。恐らく、鐘の音に含まれる自然倍音のうねりが、脳の深いところと呼応するからでしょう。

　ところで、一年周期で季節が繰り返されるのは、地球が太陽のまわりを三百六十五日かけて回っているからです。つまり、三百六十五回、朝、昼、夜を繰り返すと、太陽と地球との位置関係が元に戻ります。このことから、ひと回りの角度が三六〇度だと決められたようです。ただ、三六五度にしなかったのは、三六〇という数が、たくさんの数、たとえば、二、三、四、五……十……十五……三十……六十……九十……などで割り切れ、ものごとの区切りをつけやすい数だったからで、ここから時間を計る六〇進法が生まれたようです。

イエスの降誕

クリスマスを英語で書くとChristmas、これはChrist（キリスト）のmass（ミサ、典礼）という意味の造語で、神であるイエスが人の姿をした救い主として降誕したことをお祝いする日です。しかし、イエスの誕生日ではないようです。

ルカによる福音書二章一～七節によれば、当時のローマ帝国の皇帝アウグスト（Augustus, BC63-AD14）が行った住民調査に協力するため、身重のマリアが町に行き、すぐに幼な子を産んだという記述があります。さらに、マタイによる福音書の二章十九節には、イエス降誕の年にヘロデ王が死去したとあり、いずれもその年が紀元前四年ごろだったことが歴史研究からわかっています。そして、ルカによる福音書二章八節には、イエス降誕のとき、羊飼いが羊を放牧していたと書いてありますから、その時季は冬ではありません。イスラエルの冬は厳しく放牧はできないからです。

つまり、イエスの降誕は、紀元前四年ごろのあたたかい季節だということになります。それを後押しするようなヒントが、マタイによる福音書二章に登場する「ベツレヘムの星」です。イエスの降誕を知らせる星が輝いたという記述です。突如、星が輝く現象は、星が燃料を使い果たして最後に大爆発を起こす超新星、変光星、彗星、惑星集合などがありますが、過去の記録を辿ってみると、超新星、変光星の可能性は低く、その中でただひとつ有力候補になるハレー彗星も、出現年が紀元前十一年ですから、残る可能性は惑星集合だということになります。

調べてみると、紀元前四年前後に、金星、木星、火星、水星などの大集合が何度か起こっており、その時期はいずれも初夏から初秋にかけての季節ですから、イエスの降誕はやはり冬ではなかったようです。にもかかわらず冬だとされたのは、十二月二十日ごろの冬至を境に、光に満ちた昼の長さが伸びていくことから、救世主の誕生は冬至前後とするのがふさわしいと考えられたからでしょう。

ところで、クリスマスといえば贈りものです。これは、ヨハネによる福音書三章十六節にあるように、「与える」ことがキリスト教の根幹にあるからでしょう。この「与える」という行動も、私たち人類が四足から立ち上がって二足歩行になり、両手が使えるようになったからこそ生まれた風習だともいえます。

このようにイエスの生涯は、検証できないという意味で深い霧の中ですが、クリスマスを祝うあなたの心の中にしっかりと生き続けているのかもしれません。

一人称の死は存在しない

私たちの体を構成している細胞たちは、日々更新されて新しく生まれ変わっているといわれています。生成消滅が同時に起こっているという意味での「動的平衡」です。

これを素粒子レベルで宇宙にまで拡大して考えれば、この宇宙の中に存在するすべてのものは、1と書いてその後に0が八十個ほどつくくらいに莫大な数の素粒子たちの離合集散によってもたらされる「たまゆら」の瞬間的存在だともいえます。

私たちの生命の主成分である炭素は、もともと星が光り輝く過程で合成され、その星が超新星爆発という形で終焉を迎えて宇宙空間にばらまかれた結果、地球上で多くの植物や動物をつくった後、再び、私たちの体の中に取りこまれたものです。壮大な宇宙循環です。つまり、私たちもこの循環の中での産物なのですから、誕生と終焉があります。しかし、物質や動植物などと異なるところは、知性の獲得によって、自らの終焉があることを知ってしまったことです。そこから生まれる恐怖や不安を救済するために宗教が生まれたともいえますが、その一方で、論理と証明によって構成される現代科学の知見も、この問題に対してひとつの答えを見出そうとしています。

私たちが、人生の終焉、すなわち「死」を怖れるのは、誰もが逃れることができない出来事であるとわかっていながら、その体験を語ってくれる人がどこにもいなくて、その実体がつかめないからでしょう。

臨死体験といっても、結局は生きている人によって語られることですから、「死」そのものの体験だと言い切るには無理があります。苦しいから死んでしまいたいと思っても、死ぬことによって苦難から解放される保証はなく、むしろ逆に、生きてこそ、いつの日にか苦しみから解放される可能性があります。

私たちにとって三人称の死は日常茶飯事です。二人称の死は、自分と大きくかかわるために大事件になります。しかし、自分自身、すなわち一人称の死はどうでしょう。死の定義が意識の喪失であるとするならば、一人称の死は存在しないことになります。

生きている本人にとっては、生きている一瞬こそが「永遠」だともいえます。

道元の言葉にしたがえば、「生（滅）は、生（滅）だけですべてであり、ほかの何ものでもないのだから、生（滅）が来たならばただひたすらに生（滅）に、お仕えすべきである」ということでしょう。今、この一瞬に人生のすべてが凝縮されているのですね。

平和への指南書として

私たち人類の歴史は、残念なことに、そのほとんどが戦いの歴史だったといっても過言ではありません。J.バベルの推計によれば、記録が残っている人類史五千五百年の中で、世界が平和であった期間は、わずか二百九十二年だったともいわれています。その中で、人類の救済と世界の平和を目的とした宗教さえも、神の名において闘争を行ってきたという歴史もあります。しかし、よく調べてみると、宗教の教義同士の衝突による戦いはわずかで、ほとんどが、宗教を笠に着た権力闘争だったことがわかります。

戦争の原因については、紀元前から論議されており、それらの中で共通するのは、①名誉欲、②利益（お金）、③憎悪、④飢餓、⑤競争心、⑥自己防衛、⑦権力の拡大（領土拡大）などがあります。これらの共通点を抽出して総括すれば、その源泉は「欲望」ということに行き着きます。人間も生物ですから、生物が本能として保有する〝生き続ける〟という欲望が、すべてに最優先されるのでしょうが、その一方で、〝考える〟ことができる唯一の生物が人間です。壮大無辺な宇宙にまで想いを広げる能力をもっているのも人間です。そこで、人間もまた、この宇宙のひとかけらであり、それは独立存在ではなく、ほかのすべての存在との共存関係においてでしか生きられないということに気づくことが、戦いの回避に大きな役割を果たすだろうことは容易に想像できます。実は、般若心経は、そこに至る智慧を、人間の心の在りようと外界との相互関係を論じることによって、説いているといっても過言ではありません。

私たちには所有欲があります。しかし、考えてみれば、自分という存在さえも、自分の所有物ではありません。たとえば、もし、自分の体が自分の所有物であるならば、体のコントロールは自分自身でできるはずです。しかし、風邪を引いても、治る時期がこなければ治りませんし、自分の心臓の拍動もコントロールすることもできません。となれば、自分の外側にあるものを、自分の所有物だなどと宣言するには無理があります。私たちは、土地を手に入れて自宅を建てようとするとき地鎮祭をします。これは、もともと、自然のものであった土地を借りるための儀式でしょう。そのような意味合いからすれば、領土権争いは、国威、国力の増進以外の何ものでもなくて、典型的なエゴ意識の発露でしかないということになります。

般若心経は、そのような戦いの目的が、心の幻想から生じるものだと説きます。そして、すべてがほかとの共存関係、すなわち「縁起」によって存在しているのであるから、そこから、ほかを傷つけない、ことが第一であると感じ取るよう促します。

仏教の基本は、〝非暴力〟、つまり「アヒムサ（ahiṃsā）＝傷つけない」ですが、それは、キリスト教に代表される西欧の宗教における「クレメンティア（clementia）＝寛容、寄り添う」とも関連します。そこから、戦いを助長させる大きな原因のひとつが、憎悪の連鎖であり、それを忍耐と寛容によって断ち切ることこそが大切だという論点が導かれます。

般若心経は、個人の平安への手引き書であると同時に、全世界の平和への指南書でもあることを最後に記しておきたいと思います。

――ahiṃsā と　clementia をめぐって――

聖フランシスコの平和の祈り

主よ、わたしをあなたの平和の道具としてください。
憎しみのあるところに、愛を
争いあるところに、和解を、
分裂のあるところに、和合を、
誤りのあるところに、真実を、
疑いのあるところに、信頼を、
絶望のあるところに、希望を、
闇のあるところに、あなたの光をおかせてください。
悲しみのあるところに、喜びをおかせてください。

主よ、慰められるより慰めることを、
理解されるより理解することを、
愛されるよりも愛することを求めさせてください。
なぜならば、与えることで、人は受け取り、
忘れられることで、人は見出し、
許すことで、人は許され、
死ぬことで、人は永遠の命に復活するからです。

（十三世紀にイタリア半島で活動した
フランシスコ会の創始者、アッシジのフランチェスコに
由来するとされる美しい祈禱文で、作者はわかっていない）

実は、宮沢賢治の作品「雨ニモマケズ」は、「聖フランシスコの平和の祈り」にも匹敵する豊富な内容を含んでいます。ただ、この詩は、あまりにも有名になってしまったために、かえって、深く味わうことなしに読み飛ばす風潮が見られるようになってしまったことは否めません。

この詩には、仏教徒としての毅然とした清貧な姿勢がうかがわれますが、その一方で、フランシスコのキリスト教精神にも通じるところがあり、世界の平和を願う普遍的な想いに満ちた作品であると思います。今いちど、心して味わってみたいですね。この作品も、病床にあったからこそ書けたとも推測される静かではあるけれども強い心の叫びが感動的です。

「雨ニモマケズ」（手帳より、昭和六年十一月三日）

雨ニモマケズ
風ニモマケズ
雪ニモ夏ノ暑サニモマケヌ
丈夫ナカラダヲモチ
慾(ヨク)ハナク
決シテ瞋(イカ)ラズ
イツモシヅカニワラッテヰル
一日ニ玄米四合ト
味噌ト少シノ野菜ヲタベ
アラユルコトヲ
ジブンヲカンジョウニ入レズニ

ヨクミキキシワカリ
ソシテワスレズ
野原ノ松ノ林ノ蔭ノ
小サナ萱(カヤ)ブキノ小屋ニヰテ
東ニ病気ノコドモアレバ
行ッテ看病シテヤリ
西ニツカレタ母アレバ
行ッテソノ稲ノ束ヲ負ヒ
南ニ死ニサウナ人アレバ
行ッテコハガラナクテモイヽトイヒ
北ニケンクヮヤソショウガアレバ
ツマラナイカラヤメロトイヒ
ヒデリノトキハナミダヲナガシ
サムサノナツハオロオロアルキ

ミンナニデクノボートヨバレ
ホメラレモセズ
クニモサレズ
サウイフモノニ
ワタシハナリタイ

そして、「愛」とは何かについて、やさしく書かれているのが、以下二つです。

新約聖書、コリント人への第一の手紙、十三章、四―八

愛は寛容であり、情け深い。また、ねたむことをしない。
愛は高ぶらない、誇らない、不作法をしない、自分の利益を求めない、
いらだたない、恨みをいだかない、間違ったことを喜ばないで真理を喜ぶ。
そして、すべてを忍び、すべてを信じ、すべてを望み、すべてを耐える。
愛はいつまでも絶えることがない。

さびしいとき

私がさびしいときに、
よその人は知らないの。

私がさびしいときに、
お友だちは笑うの。

私がさびしいときに、
お母さんはやさしいの。

私がさびしいときに、
仏さまはさびしいの。

(金子みすゞ)

発語で感じる般若心経　ある僧侶の読みくせの一例

それでは、最後にもう一度、般若心経を通して唱えてみましょう。ただ、今回は、ある僧侶が唱えている音を、そのまま音写したものをカタカナ表記にしてみました。前の文字と後の文字をつけて読んだりしていますので、漢字と必ずしも一致しない部分がありますが、そのまま音声として表記してみました。

摩訶般若波羅蜜多心経　マーカーハンニャーハーラーミータシンギョウ
観自在菩薩　カンジーザイポーサー
行深般若波羅蜜多時　ギョウージンハンニャーハーラーミータージー
照見五蘊皆空　ショウケンゴーウンカイクウ
度一切苦厄　ドーイッサイクーヤク
舎利子　シャーリーシー

色不異空　空不異色
色即是空　空即是色
受想行識　亦復如是
舎利子
是諸法空相
不生不滅　不垢不浄　不増不減
是故空中無色
無受想行識
無眼耳鼻舌身意
無色声香味触法
無眼界乃至無意識界
無無明
亦無無明尽

シキフーイークー　クーフーイーシキ
シキソクゼークー　クウソクゼーシキ
ジュソーギョウーシキ　ヤクブーニョゼ
シャーリーシー
ゼーショーホウクウソウ
フーショウフーメツ　フークーフージョウ
フーゾーフーゲン
ゼーコークウジュウムーシキ
ムージュウソウギョウシキ
ムーゲンニービーゼッシンニー
ムーシキショウコウミーソクホウ
ムーゲンカイナイシームーイーシキカイ
ムームーミョウ
ヤクムームーミョウジン

乃至無老死
亦無老死尽
無苦集滅道
無智亦無得
以無所得故
菩提薩埵　依般若波羅蜜多故
心無罣礙　無罣礙故
無有恐怖　遠離一切顛倒夢想
究竟涅槃
三世諸仏
依般若波羅蜜多故
得阿耨多羅三藐三菩提
故知般若波羅蜜多
是大神呪　是大明呪

ナイシームーロウシー
ヤクムーロウシージン
ムークージュウメツドウ
ムーチーヤクムウトク
イームーショートッコー
ボーダイサッタ　エーハンニャーハーラーミータコ
シンムーケーゲー　ムーケーゲーコー
ムーウークウフー　オンリーイッサイテンドゥムーソウ
クーギョウーネーハン
サンゼーショーブツ
エーハンニャーハーラーミータコー
トクアーノクターラーサンミャクサンボダイ
コーチー　ハンニャーハーラーミーター
ゼーダイジンシュー　ゼーダイミョウシュー

是無上呪　是無等等呪
能除一切苦
真実不虚
故説般若波羅蜜多呪
即説呪曰
羯諦羯諦波羅羯諦
波羅僧羯諦
菩提薩婆訶
般若（波羅蜜多）心経

ゼームージョウーシュー　ゼームートードーシュー
ノージョウイッサイクー
シンジップーコー
コーセツハンニャーハーラーミーターシュー
ソクセッシューワツ
ギャーテー　ギャーテー　ハーラーギャーテー
ハラソウギャーテー
ボージーソワカー
ハンニャーシンギョウ

いかがでしょうか。人それぞれの読み方でいいと思いますが、この僧侶の読み方には、リズムがあり、抑揚も含まれていて、唱えているうちに、何か、その音と自分が一体になったかのような錯覚を覚える瞬間があります。ただ、このように読まなければならないということではありませんから、読み方については気にする必要はありません。

あとがきにかえて

この本は「はじめに」でも述べましたように、般若心経のお話です。般若心経は、いうまでもなく、仏陀が説いた教えを基本にして、すべての人々の救済を目的とした真言です。しかも、わずか二百六十二文字で書かれた美しいお経で、内容は広大無辺な宇宙交響曲を思わせる響きに満ちていますから、数あるお経の中でも、もっとも人気のあるお経です。したがって、解説本もたくさんあって、今さら仏教学者でもない筆者が語るということには、ためらいもありましたが、自然科学の研究者としての第一線から離れた今、たまたま、大型客船、飛鳥Ⅱでの船内講義を依頼されたおり、科学のまなざしで、般若心経の美しさを愛でる講義をしたところ、とても好評だったため、その草稿をもとに、若干の加筆修正を行い、まとめたものです。したがって、仏教学者の書かれたものとは趣の異なるエッセイ風の読みものになりました。

ところで、般若心経には、小本と大本があって、小本のほうが、先につくられていますが、ここでは、小本をテキストにして、数ある漢訳の中から、日本で最も標準的とされている玄奘三蔵の訳を採択しました。そして執筆にあたり、多くの示唆に満ちたお導きをいただいたのが、原文と漢訳についての研究で第一人者として知られる中村元先生の『現代語訳　大乗仏典1　般若経典』（東京書籍、二〇〇三）と、ヴィトゲンシュタインの哲学研究で知られる黒崎宏先生の『理性の限界内の「般若心経」』（春秋社、二〇〇七）でした。先達としてのご業績を称えると共に、心からの感謝をささげたいと思います。

また、本書のタイトルの一部となった「宇宙のカケラ」は、本書の後半、第4章、第5章に、東京急行電鉄株式会社の情報誌「ＳＡＬＵＳ」に二〇一六年から連載してきた「理学博士・佐治晴夫の連載エッセイ・宇宙のカケラ」の一部を転載して、全体の体裁を整えたことに準拠するものです。

そのため、各項目の間には一部重複した内容もありますが、それは単なるくり返しとして読み進めて頂ければ結構です。この場を借りて、連載にご尽力いただいている編集の孫奈美氏と東京急行電鉄株式会社に御礼申し上げます。

このささやかな一冊が、少しでも読者のみなさんの心に、豊かな未来への灯火をともすことができれば、これ以上の幸せはありません。最後に、本書の執筆をすすめてくださり、美しい書籍にまとめてくださった編集者の西広佐紀美さんに心からの御礼を申し上げます。また版元をお引き受けいただいた毎日新聞出版の永上敬さんにもお世話になりました。あわせて御礼申し上げます。

令和元（二〇一九）年七月

ラベンダーとマーガレットが美しく咲き誇る美瑛のアトリエにて

佐治　晴夫

本書をより深く理解するための参考文献

●第一章、二章に関しては
1）松岡正剛：般若心経を読む—言語物質論—（工作舎、一九八一）
2）紀野一義：「般若心経」を読む（講談社現代新書、一九八一）
3）Thich Nhat Hanh: THE HEART OF UNDERSTANDING (Parallax Press Berkeley, 1988)
4）ティク・ナット・ハンの般若心経（棚橋一晃訳、壮神社、一九九五）
5）佐々木閑：般若心経（NHK出版、二〇一二）
●第三章に関しては
6）佐治晴夫：14歳のための時間論（春秋社、二〇一二）
7）佐治晴夫：量子は、不確定性原理のゆりかごで、宇宙の夢をみる（トランスビュー、二〇一五）
8）佐治晴夫：14歳のための宇宙授業（春秋社、二〇一六）
●本文引用出典
新装版・金子みすゞ全集（JULA出版局、一九八四）
新修・宮沢賢治全集（筑摩書房、一九八〇）
まど・みちお全詩集〈新訂版〉（理論社、二〇〇一）

般若心経の英訳

THE HEART OF THE PRAJŇAPARAMITA

The Bodhisattva Avalokita, while moving in the deep course of
Perfect Understanding, shed light on the five skandhas and found
them equally empty. After this penetration, he overcame all pain.

"Listen, Shariputra, form is emptiness, emptiness is form,
form does not differ from emptiness, emptiness does not differ from form.
The same is true with feelings, perceptions, mental formations, and consciousness".

"Hear, Shariputra, all dharmas are marked with emptiness;
they are neither produced nor destroyed, neither defiled nor immaculate,
neither increasing nor decreasing".

Therefore, in emptiness there is neither form, nor feeling,
nor perception, nor mental formations, nor consciousness;

no eye, or ear, or nose, or tongue, or body, or mind, no form, no sound, no smell,
no taste, no touch, no object of mind; no realms of elements (from eyes to mind-consciousness);
no interdependent origins and no extinction of them (from ignorance to old age and death);
no suffering, no origination of suffering, no extinction of suffering, no path;
no understanding, no attainment".

"Because there is no attainment, the bodhisattvas, supported by the Perfection
of Understanding, find no obstacles for their minds.
Having no obstacles, they overcome fear, liberating themselves forever from illusion
and realizing perfect Nirvana. All Buddhas in the past, present, and future,
thanks to this Perfect Understanding, arrive at full, right, and universal Enlightenment".

"Therefore, one should know that Perfect Understanding is a great mantra,
is the highest mantra, is the unequalled mantra, the destroyer of all suffering,
the incorruptible truth.
A mantra of Prajñaparamita should therefore be proclaimed. This is the mantra:

"Gate gate paragate parasamgate bodhi svaha."

Translated by Thich Nhat Hanh:

The Heart of Understanding (Parallax Press, Berkeley, California, 1988)

サンスクリット原文テクスト

Namas Sarvajñāya

āryāvalokiteśvaro bodhisattvo gaṃbhīrāyāṃ prajñāpāramitāyāṃ caryāṃ caramāṇo vyavalokayati sma; pañca skandhās, tāṃś ca svabhāva-śūnyān paśyati sma.

iha Śāriputra rūpaṃ śūnyatā, śūnyataiva rūpam. rūpān na pṛthak śūnyatā, śūnyatāyā na pṛthag rūpam.

yad rūpaṃ sā śūnyatā, yā śūnyatā tad rūpam. evam eva vedanā-saṃjñā-saṃskāra-vijñānāni.

iha Śāriputra sarva-dharmāḥ śūnyatā-lakṣaṇā anutpannā aniruddhā amalāvimalā nonā na paripūrṇāḥ. tasmāc Chāriputra śūnyatāyāṃ na rūpaṃ na vedanā na saṃjñā na saṃskārā na vijñānaṃ.

na cakṣuḥ-śrotra-ghrāṇa-jihvā-kāya-manāṃsi, na rūpaśabda-gandha-rasa-spraṣṭavya-dharmāḥ,

na cakṣur-dhātur yāvan na mano-vijñāna-dhātuḥ.

na vidyā nāvidyā na vidyākṣayo nāvidyākṣayo yāvan na jarāmaraṇaṃ na jarāmaraṇakṣayo na duḥkha-samudaya-nirodha-mārgā, na jñānaṃ na prāptiḥ.

tasmād aprāptitvād bodhisattvānāṃ prajñāpāramitām āśritya viharaty a-cittā varaṇaḥ. cittāvaraṇa-nāstitvād atrasto viparyāsātikrānto niṣṭhanirvāṇaḥ. tryadhvavyavasthitāḥ sarva-buddhāḥ prajñāpāramitām āśrityānuttarāṃ samyaksambodhiṃ abhisambuddhāḥ.

tasmāj jñātavyaṃ prajñāpāramitā-mahāmantro mahāvidyāmantro ʼnuttaramantro

ʼsamasama-mantraḥ, sarvaduḥkhapraśamanaḥ. satyam amithyatvāt, prajñāpāramitāyām ukto mantraḥ, tad yathā:

gate gate pāragate pāra-saṃgate bodhi svāhā.

iti Prajñāpāramitā-hṛdayaṃ samāptam.

スタッフ

編集・構成　西広佐紀美
装丁・本文　帆足英里子

佐治 晴夫（さじ はるお）

1935年東京生まれ。理学博士（理論物理学）。松下電器
東京研究所主幹研究員、東京大学物性研究所、玉川大学、
県立宮城大学教授、鈴鹿短期大学学長などを歴任、現在、
大阪音楽大学客員教授、北海道・美宙（MISORA）天文台台長。
量子論的無からの宇宙創生に関わる「ゆらぎ」の理論研究、
NASAのボイジャー計画では、地球文明のタイムカプセルとして
バッハの音楽を搭載することの提案などで
知られる。また、宇宙研究の成果を平和教育の一環として位置
づけたリベラルアーツ教育を全国的に展開している。
最近の代表的著作として、「14歳のための時間論」、「14歳のための宇宙授業」
（春秋社）、「量子は、不確定性原理のゆりかごで、宇宙の夢をみる」（トランスビュー）、
「ぼくたちは今日も宇宙を旅している―佐治博士のこころの時間―」（PHP研究所）、
「詩人のための宇宙授業―金子みすゞの詩をめぐる夜想的逍遥―」（JULA出版局）、
「新世紀版・星へのプレリュード」（一藝社）、
「14歳からの数学―佐治博士と数のふしぎの1週間」（春秋社）などがある。
日本文藝家協会所属。

宇宙のカケラ
物理学者、般若心経を語る

第一刷　二〇一九年八月三〇日
第四刷　二〇二四年七月二〇日

著　者　佐治晴夫
発行人　山本修司
発行所　毎日新聞出版
〒一〇二-〇〇七四
東京都千代田区九段南一-六-一七　千代田会館五階
営業本部　〇三（六二六五）六九四一
図書編集部　〇三（六二六五）六七四五

印　刷　精文堂印刷
製　本　大口製本

ISBN 978-4-620-32600-9